阅读成就思想……

Read to Achieve

安妮聊数学

【英】安妮·鲁尼（Anne Rooney）◎著
卢健 潘晨◎译

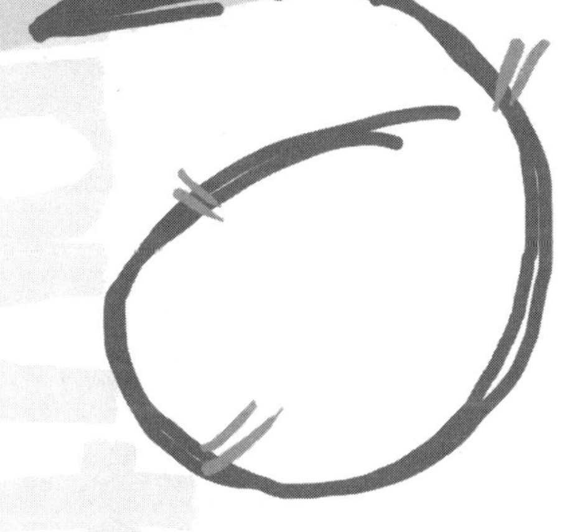

中国人民大学出版社
· 北京 ·

图书在版编目（CIP）数据

安妮聊数学 /（英）安妮·鲁尼（Anne Rooney）著；卢健，潘晨译 . -- 北京：中国人民大学出版社，2017.6

ISBN 978-7-300-23816-6

Ⅰ . ①安… Ⅱ . ①安… ②卢… ③潘… Ⅲ . ①数学—普及读物 Ⅳ . ① 01-49

中国版本图书馆 CIP 数据核字（2017）第 004842 号

安妮聊数学

［英］安妮 • 鲁尼　著

卢健　潘晨　译

Anni Liao Shuxue

出版发行	中国人民大学出版社		
社　　址	北京中关村大街 31 号	**邮政编码**	100080
电　　话	010-62511242（总编室）		010-62511770（质管部）
	010-82501766（邮购部）		010-62514148（门市部）
	010-62515195（发行公司）		010-62515275（盗版举报）
网　　址	http://www.crup.com.cn		
	http://www.ttrnet.com（人大教研网）		
经　　销	新华书店		
印　　刷	北京中印联印务有限公司		
规　　格	148mm × 210mm　32 开本	**版　　次**	2017 年 6 月第 1 版
印　　张	7.5　插页 1	**印　　次**	2017 年 6 月第 1 次印刷
字　　数	160 000	**定　　价**	49.00 元

前 言

数学究竟是什么

在我们的生活中，数学无处不在。它是一种语言，能够帮助我们研究数字、图形以及掌管宇宙运行的某些定律，为我们理解周遭事物、解构和预测某些现象提供一种方法。生活在原始社会的人们开始研究数学是因为他们想要记录太阳、月亮和行星的运动轨迹，想要建造房屋，想要清点羊群或者开展贸易。从古代中国到美索不达米亚平原，从古埃及、希腊到印度，数学思想绚烂绽放，人们惊叹于那些由数字演化的图案所展现出的美丽和神奇。

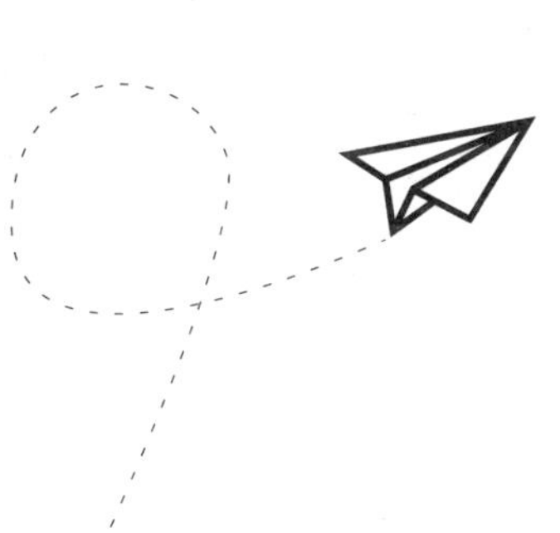

数学是一种国际语言。如今，它已融入我们的生活。贸易与商业以数字为基础。社会生活中必不可少的计算机也要依靠数字来进行运算。我们在日常生活中所要表达的大部分信息同样要用到数学。如果没有对数字和数学的基本了解，我们就可能无法知晓时间、安排日程，甚至无法看懂菜谱。当然，这还不是全部。如果你不懂数学常识，你可能会被蒙骗、被误导，或者错失宝贵的机会。数学可以被应用于高尚的事业，但同样也可能被用于实现卑劣的目的。数字可以被用来说明、解释和澄清事实，但同样也可能被用来隐瞒、模糊甚至混淆事实。因此，了解数学究竟是什么对我们来说将是一件很有意义的事情。

不用动脑筋的方法

计算机的出现使数学运算变得容易了很多，一些在以前根本无法完成的运算如今却可以在计算机的帮助下完成。在本书后面的章节中，你会发现很多这样的例子。例如，圆周率（符号是 π，它定义了圆周与半径之间的数学关系）现在已经可以通过计算机算出小数点之后的百万位。同样，在计算机的帮助下，人们也为质数（只能被 1 和自身整除的数）添加了数百万位新成员。然而，从某种程度上说，计算机也可能正在使数学变得不再那么严谨了。

如今，处理数以百万计的样本或者海量的数据已经不再是什么难事，我们可以直接从实验数据（也就是那些可以被直接观测到的数据）中获取信息，而且这些信息比用原有方法获取的信息更可靠。这也意味着我们更多的结论将可能直接来源于对事物的观察而不是计算。比如，我们可以在短时间内研究大量的天气数据，并根据以往的天气情况来预测未来的天气情况。我们不必再去深究天气发生变化的具体原因，只需要对以前记录下来的数据进行研究。这种方法之所以可行是基于这样的假设，即不管掌控事物变化的原因究竟是什么，曾经发生的事情都会在未来以一定的概率重现。这种方法的效果虽然看上去还不错，但它并不是真正的科学或者数学。

纯数学和应用数学

本书提及的“数学”大部分都可以被归为应用数学。应用数学用于解决实际问题，并且可以应用在现实场景中，比如计算一笔贷款要被征收多少利息，或者测量时间和绳子的长度。

然而，还有另外一类数学，它们令很多数学家为之着迷，这类数学被称为纯数学（“pure” maths）。人们根本不关心纯数学是否有实际的用处，而关心的是自己会在逻辑的世界中走多远，以及为了实现自己的目标而需要了解多少数学常识。

先思考还是先观察

处理数据和获取知识有两种截然不同的方式，而数学思想也是通过这两种方式产生的。这两种方式一种是从思考和逻辑出发，而另一种则是从观察出发。

先思考

推演法是运用逻辑进行推理的方法，它使用给定的陈述对单个案例进行预测。例如，给定的陈述是所有的孩子都有（或曾经有）父母，事实是苏菲是个孩子，那么就可以推导出苏菲一定有（或曾经有）父母。只要上述两条原始陈述被验证是正确的，而且推理逻辑合理，那么预测结果也将正确无误。

先观察

归纳法是从给定的样本中推断出共性信息的方法。例如我们看到了一群天鹅，并且发现它们都是白色的，我们可能会以此为依据（正如人们曾经做的那样）推断出所有天鹅都是白色的。但这并不可靠，这只是意味着我们尚未发现其他颜色的天鹅（详见第 10 章）。

是对还是错

无论是使用推演法还是归纳法，数学家们并不总是对的。但总的来说，推演法更可靠，而且自从它被希腊数学家欧几里得（Euclid）提出，就一直深受纯数学家们的推崇。

错误是怎样发生的

我们的祖先认为太阳绕着地球转，而不是地球绕着太阳转。但问题是如果太阳真的是绕着地球转，那它还会像现在一样东升西落吗？答案是：会的，还和现在一样。

古希腊天文学家克罗狄斯·托勒密（Claudius Ptolemy，约公元 90—168 年）构建了宇宙的模型。该模型描述了太阳、月亮以及行星划过天际的可见轨迹。该模型是使用归纳法建立的：托勒密研究了多项观测数据（这些数据都是他自己观测得到的），并且根据这些数据构建了模型。

随着对行星运动轨迹的观测变得更加精确，为了能够进行更好的观测，中世纪和文艺复兴时期的天文学家们对托勒密的以地球为中心的宇宙模型展开了越来越复杂的改进。由于用来描述新发现行星的运动轨迹线越来越多，整个模型已经乱作一团。

纠正错误

直到波兰天文学家和数学家尼古拉·哥白尼（Nicolaus Copernicus）推翻了该模型，提出了日心说，数学才在天文研究领域开始发挥它的作用，尽管当时他的计算并不完全正确。后来，英国科学家艾萨克·牛顿（Isaac Newton，1642—1726）在哥白尼学说的基础上进一步给出了行星运动规律的数学理论，这个理论不需要篡改和捏造事实就能够解释行星运行的规律。当牛顿还健在时，人们观测到很多以前未被发现的行星，他的行星运动定律得到了验证，而且人们可以更精准地预测出一些行星的存在，而这些行星之前从未被观测到。然而，这套理论尚不完美，利用目前掌握的数学模型，我们仍然无法很好地解释外行星的运行规律。所以，无论是宇宙还是数学领域，仍然有很多未知在等待我们去发现。

这颗行星在哪？它就在那儿！

1845 年至 1846 年，数学家奥本·勒维耶（Urbain Le Verrier）和约翰·柯西·亚当斯（John Couch Adams）各自独立预测出了海王星的存在及其位置。在观察到天王星轨道的摄动（扰动）现象之后，他们运用数学方法推测出天王星的附近可能还有一颗行星。1846 年，海王星被发现并被正式确认。

芝诺悖论

人们在很久以前就已经认识到，我们生活的现实世界与依靠数学和逻辑构建起来的虚拟世界并不完全一致。

古希腊哲学家芝诺（Zeno of Elea，约公元前 490 年—公元前

430 年）就曾经运用逻辑来说明运动是不可能存在的。他的“箭悖论”（paradox of the arrow）说的是在任何时刻，箭都位于空间中的一个固定位置。如果我们在箭离开弓一直到它射中目标的过程中，在其经过的每一点上对它拍照，那么在任何瞬间，箭都是静止的。所以，箭怎么会运动呢？

另一个例子是阿基里斯（Achilles）与乌龟的悖论。古希腊神话中的善跑英雄阿基里斯与乌龟进行赛跑，如果阿基里斯让乌龟先爬，那么他将永远无法追上乌龟。原因是，在阿基里斯追赶乌龟时，乌龟总会向前爬。因此，每当阿基里斯到达乌龟上次的出发点时，乌龟又向前爬了一段。这样循环往复，阿基里斯虽然可以无限地接近乌龟，但他将始终无法超过乌龟。

芝诺认为这些悖论有作用的原因是，他认为连续的时间和距离是由一系列无限小的时刻和位置组成的。这种观点虽然在逻辑上是合理的，但是却与现实不符。

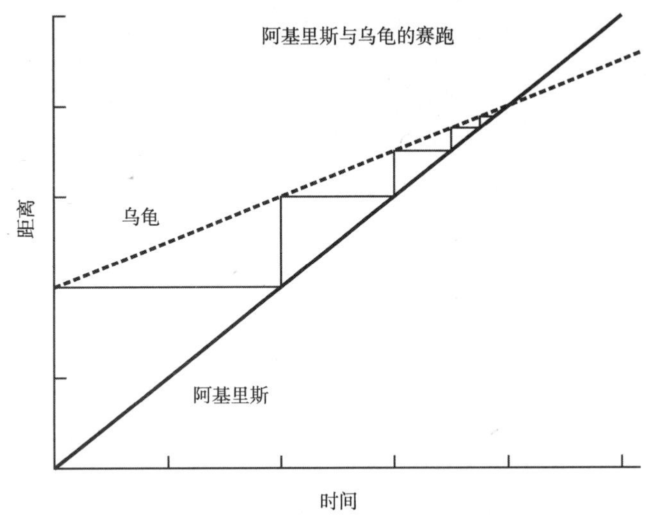

目 录

第 1 章

你无法创造的，我们可以吗

数学是原本就在那儿，等着被我们发现吗？还是完全由我们一手创造出来的呢？

从公元前 5 世纪希腊哲学家毕达哥拉斯（Pythagoras）时代开始，关于数学到底是被发现的还是被创造的争论就一直没有停歇过。

两种观点

第一种观点认为，无论是数学定律，还是描述和预测现象的方程，它们都是独立于人类认知而存在的。这意味着一个三角形就是一个独立存在的实体，它的内角之和就应该是 180°。数学在人类出现之前便已经存在，而且在人类消亡之后，它必将继续存在。意大利数学家和天文学家伽利略（Galileo）赞同这样的观点，他认为数学是“真实存在”的。

> “数学是上帝用来书写宇宙的一种文字。
>
> 伽利略”

它就在那，只是我们无法看得真切

早在公元前 4 世纪之初，古希腊哲学家和数学家柏拉图就曾提出如下观点：我们通过感官所感知到的一切只是对理论上的完美的一种不完美复制。他的意思就是说我们看到的每一只狗、每一棵树、每一次善举都只是对那些理想事物，即真正的狗、真正的树、真正的善举的有限的或是稍有偏差的反映。对于人类来说，我们无法看到被柏拉图称之为“理型”（forms）的真正完美，我们只能看到日常生活中那些反映“真实”的表象。我们周遭的世界总有欠缺，而且是在不断变化的，而“理型”的世界却是完美且永恒的。按照柏拉图的观点，数学本身就栖息在这个完美的“理型”世界之中。

> 上帝创造了整数，其余所有的数都是人类的杰作。
>
> 利奥波德 • 克罗内克（Leopold Kronecker，1823—1891）

尽管我们无法直接看到“理型”世界，但我们可以通过推理来不断地接近它。柏拉图将我们所看到的“真实”与投射到洞穴墙壁上的影子联系了起来。如果你正在洞穴之中，面对着洞穴中的一面墙壁（柏拉图假定你已经被绳子绑住而无法转身），这时你能够看到的只有墙上的影子，因此你会认为这些影子就是所谓的“真实”。但实际上，真正的“真实”却是那些站在篝火旁的人，而人影只是一种替代物。

柏拉图认为，数学是永恒真理的一部分。数学定律就在“那里”，等待着我们通过推理去发现它们。它们掌控着宇宙的运行，所以我们对宇宙的认知程度取决于对我们发现了多少数学知识。

如果数学是被创造出来的，那又会怎样

另一种主要的观点认为，数学只是人类在试图理解和描述周围世界时自发创造出来的一种表达形式。这种观点认为，像三角形内角和等于 180° 这样的定理实际上只是约定俗成的罢了，就好像人们认为黑色的鞋子要比紫色的鞋子显得更正式一样。它之所以被认为是一种定理是因为所有组成该定理的要素都是人为给出的，比如我们定义了三角形，定义了角的度量（以及度的定义），甚至连 180° 也是我们给出的。

如果数学是被创造出来的，那么至少它出现错误的可能性会比较小。就像我们不能认为把树叫作“树（tree）”是错了一样，我们也不能认为人为创造出的数学就是错误的，尽管不好的数学或许无法帮助我们完成任务。

外星球上的数学

我们是宇宙中唯一的智慧生物吗？假设不是，至少我们暂时认为不是（详见第 18 章）。

如果数学是被发现的，那么任何喜欢数学的外星生物都会发现我们使用的数学，这将使我们与它们的交流成为可能。或许它们的数学与我们的不同，比如进制不同（详见第 4 章），但其数学体系的规则将会与我们的如出一辙。

如果数学是我们创造出来的，那么根本就没有理由说为什么外

星智慧生物应该提出相同的数学方法来。如果真的提出了相同的数学方法，那么这件事本身就已经相当令人惊奇了。这种惊奇就好像我们发现它们也在说中文、古阿卡德语或者虎鲸的语言一样。如果数学只是我们用于描述我们观察到的现实的一种代码，那么它和语言就有了很多相似之处。没有任何规定必须要用“树”这个词语来表示客观存在的树木。当外星人看到树时，它们可能会使用不同的词语来给树命名。如果没有任何描述行星的椭圆轨道或火箭科学的词语，那么外星智慧生物可能会使用完全不同的方式来发现和描述一些现象。

> 数学怎么会如此适合用来描述现实的事物？毕竟它独立于现实的经验，只是人类思考的产物，这一切都让人觉得无比惊叹。
>
> 艾尔伯特・爱因斯坦（1879—1955）

真是太神奇了

数学能够与我们周围的世界如此匹配，这真是太神奇了！这种神奇或许也是一种必然的结果。但这种“神奇的匹配”并不能说明上述两种观点到底哪一个更正确。如果数学是我们发明的，那么我们会创造一些适合描述我们周围世界的东西。如果数学是被我们发现的，那么很明显，它也会适合我们的世界，因为它描述的正是掌控世界运行的“真正规律”。数学是“如此适合用来描述现实事物”，这不仅因为它是真实存在的，还因为我们把它设计成了我们想要的样子。

当心——它就在你背后

“神奇的匹配”的另一种可能性是，数学似乎能够很好地表述现实世界，因为我们仅仅看到了它起作用的一面。这就好像我们有时会把巧合视为超自然现象一样。例如，当你在印度尼西亚一个幽静的小村落度假时竟然遇见了一位好友。这确实会令人惊奇，但这只不过是因为你忽略了这样一个事实，即你和其他人虽然一直在四处游玩，却没有遇到认识的人。我们只是喜欢放大那些不常发生而令我们印象深刻的事，却常常忽略了实际上可能出现次数更多的事。同样，人们也不喜欢去关注数学不好的一面，因为那样会破坏人们对于数学的美好期望。如果我们真的希望能够成功地应用数学，那么就有必要看看数学究竟会在哪些地方失败。

> 我们曾经提出一些理论，这些理论虽然能够解释一些过去被我们忽视了的现象，但同时也可能忽略了一些直到现在才引起我们关注的现象。既然如此，我们又怎会知道未来我们不能再提出一些新理论呢？这些新的理论或许会与现有理论完全不同，却同样能够很好地解释现有理论所能解释的一切。
>
> 莱茵哈德·沃纳（Reinhard Werner）
>
> 德国汉诺威莱布尼茨大学教授

“无厘头的数学”

如果数学是被创造出来的，那我们该如何解释以下现象呢？一些在创造之时并未找到其实际用处的数学方法，常常会在几十年甚至几个世纪之后才被发现能够很好地解释某些真实现象。

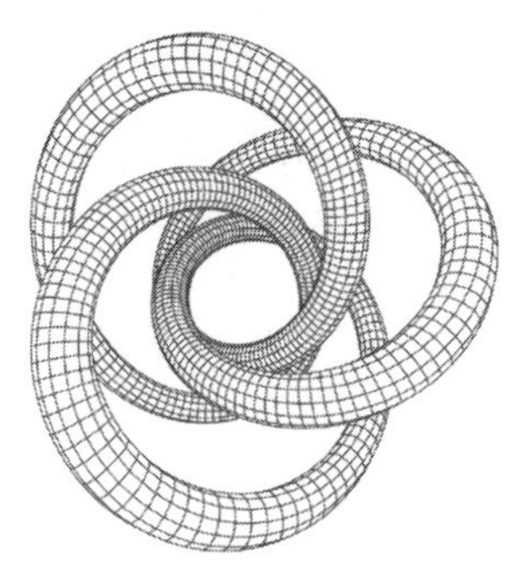

匈牙利裔美籍数学家尤金·瓦格纳（Eugene Wigner）在1960年就曾经指出，很多数学方法在被创造之初实际上只是为了某个目的，有时甚至都没有目的，但随着时间的推移，人们会发现它们其实能够非常精准地描述出自然界的特征，比如纽结理论。数学上的纽结理论主要是用来研究两端连在一起的绳子所构成的复杂的纽结形状。早在18世纪70年代，这个理论就已经被提出来了，至今它仍被用于解释DNA（遗传物质）如何解开纽结来进行复制的过程。当然，仍会有反对的声音。例如，我们只会看到那些我们一直想要寻找的东西。同样，我们只会选择那些可以利用已有工具进行解释的东西。或许进化已经让我们养成了使用数学来进行思考的习惯，我们不过是禁不住要这样做而已。

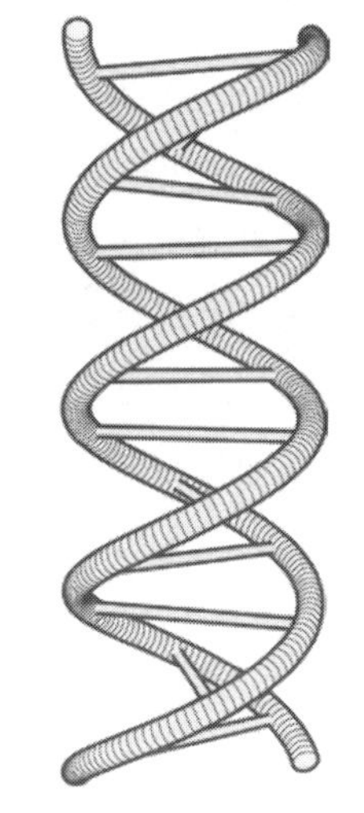

真的很重要吗

如果你只是要计算你的家庭收支情况或是查看餐馆的账单，那么数学到底是被发现的还是被创造的也就无关紧要了。我们一直使用着连贯的数学体系，它也一直发挥着作用。实际上，我们能做的就是“保持冷静，继续计算”。

对于纯数学家们来说，这个问题更哲学化一些，而不需要有实际意义：数学家们是不是正在探究宇宙的构成这个世界上最大的奥秘？或者数学家们是不是正在使用一种特殊的语言做游戏？他们是不是

> 数学语言能够如此恰当地表述物理规律令人惊奇，这种惊奇是一份馈赠，我们无法完全理解却又深深敬畏。
>
> 尤金·瓦格纳

正在尝试用这种语言写出最优雅和动人的诗句来赞美宇宙苍穹呢？

与数学“真实存在”最有关系的是人类的知识边界和技术进步最终走向何方。如果数学是被创造出来的，我们很可能会受到自身系统的局限，而且无法越过这些局限来回答某些特定的问题；我们也可能永远无法进行时间旅行，穿越到宇宙的另一边，或是创造出人工意识。只因为我们创造的数学可能无法帮助我们完成这样的工作。在另外一种数学体系中，这些我们认为不可能完成的事情或许会变得非常容易。

另一方面，如果数学是被发现的，那么我们就有可能会发现数学的全部，从而有能力去探知事物可能的边界以及哪些事情在宇宙的自然法则之内是可以实现的。这听上去不错，但前提是数学是被发现的。然而，关于这一点我们还无法确定。

一种令人担心的可能性

数学可能是对的也可能是错的，对于这种可能性我们通常并没有做太多思考，但或许我们错了，就像托勒密提出的太阳系模型是错误的一样，如果我们已经得到的数学也和托勒密的以地球为中心的宇宙模型一样是错误的，那将会发生什么呢？我们还能够放弃所有重新开始吗？这看上去很难，毕竟我们已经为此投入了太多太多。

第 2 章

为什么会有数字

在人类社会发展的早期，人们就已经开始使用数字了。

我们已经如此习惯使用数字，以至于几乎从来没想过要研究它。孩子们在很小的时候就要学着数数，数字和颜色或许是他们最早接触到的几个抽象概念。

嘿！数羊群了

人类与数字的第一次亲密接触或许是因为需要用它们来计数。我们远古的祖先会使用树枝、石头或者骨头来记录牲畜的数量。每个树枝、石头或者骨头代表一头牲畜，当牲畜数量发生变化时，就相应地将鹅卵石或者贝壳从一堆移到另一堆。

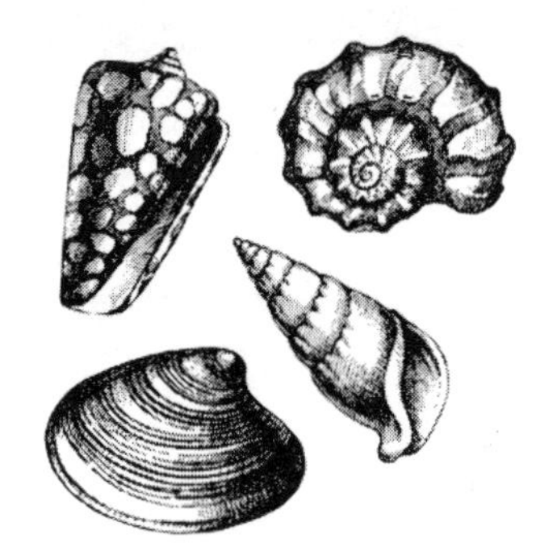

与计算不同，单纯的记录数量并不需要为每个数字指定一个名字。它是一种简单的对应关系，就是用一个物体或者标记来代表另一个物体或者现象。例如，你可以用一个贝壳来代表一只羊，每当一只羊走进羊圈，你就可以将一个贝壳扔进罐子，最后如果有贝壳剩下，就是有羊走丢了。你并不需要知道到底有 58 只还是 79 只羊，你只需要继续寻找走丢的羊，每找回一只就往罐子中扔进一个贝壳，直到最后没有贝壳剩下。

现在，我们仍在使用计数法来记录比赛成绩或者船只遇难的天数。实际上，只要是在那些直到最后才需要数量的场合，计数法就仍然适用。而人类真正开始学会计算要比学会计数稍晚一些。

计算，要从计数开始

计数法被石器时代的人类使用了至少 40,000 年。在某个时间点上，人们突然发现给数字起个名字会更方便。

我们无法知道我们人类祖先开始学会计算的具体时间。但是不难想象，一旦先人们开始圈养家畜，学会计数将是一项非常有用的本领，说“丢了三只羊”比“丢了一些羊”更有用。例如你有三个孩子，他们每人都想要一只长矛。如果你会计数，你很容易就会确定你需要做三只长矛，然后去寻找三根结实的棍子再制作就可以了。但是如果你不会计数，或许你会先做好一只送给第一个孩子，然后意识到还有孩子没有长矛，只好再做一只，如果还是不够就只好再做一只了。一旦人们开始进行交易，计数就是必不可少的一项技能了。

第一个已知的书面数字大约于公元前 10,000 年出现在伊朗的扎格罗斯地区。那里的人们还保留着使用黏土块来为羊群计数的方法。他们用一块画上“+”的黏土来表示一只羊。很显然，如果羊的数量不多，这种方法还是不错的，但是如果有 100 只羊，那么就需要 100 块黏土，这就太费事了。于是，人们又制作出了带有不同符号的黏土块来分别表示 10 只羊和 100 只羊。这样，即使有 999 只

羊，也只需要 27 块黏土就可以了（9 块表示 100 的黏土，9 块表示 10 的黏土和 9 块表示 1 的黏土）。这些黏土块可以用一根绳子串起来，或者放入一个空的球形陶罐中。人们会在陶罐的外面作好标记，记录好“羊”的总数。如果人们对标记的数字有异议，就需要砸开陶罐进行验证。陶罐外面用来记录羊群数量的符号就是目前人类最古老的书面数字。

制造数字

很多早期的数字体系的出现都直接源自对计数的需求，因此通常会用一个符号表示单位数，而用其他不同的符号来分别表示 10 和 100。有时还会用一些符号表示 5，或者其他一些中间的数值。

我们经常会在钟表的表盘或者电影结尾的版权日期处看到罗马数字。罗马数字起源于用竖线来计数。最初，人们用 I、II、III 和 IIII 来表示数字 1~4，用 X 和 C 分别表示 10 和 100。还有一些中间数值的符号，比如 V（5）、L（50）以及 D（500），这些符号可以使大数可以被写得更简短一些。一段时间过后，慢慢形成了一些规矩，比如将 I 放在 V 或者 X 的前面表示减，所以 IV 表示 5 − 1，也就是 4。与 IIII 相比，IV 更容易写，也更容易读。但是，只有 10 以内的数可以使用这样的方法，比如用 IX 表示 9。但是你不能将 99 写作 IC，它必须被写作 XCIX（即 100 − 10 和 10 − 1）。

1	2	3	4	5	6	7	8	9	10
I	II	III	IIII 后 IV	V	VI	VII	VIII	VIIII 后 IX	X
11	**19**	**20**	**40**	**50**	**88**	**99**	**100**	**149**	**150**
XI	XIX	XX	XL	L	LXXXVIII	XCIX	C	CXLIX	CL

埃及分数

古埃及人使用的是象形文字（图形符号）。和罗马人一样，古埃及人也使用串联在一起的符号。不仅如此，他们还使用分数。

埃及人通过在“嘴”的象形符号下面标记竖线来表示分数。这种方法存在一个问题，就是它只能表示单位分数（分子为 1 的分数），重复使用一个单位分数来表示一个数是不被允许的，也就是说，可以用 1/2 + 1/4 表示 3/4，但诸如 7/10 这样的数字就无法表示了。

不过有一个例外是 2/3，它可以用一张“嘴”下面加两条长短不同的竖线这一形式来表示。

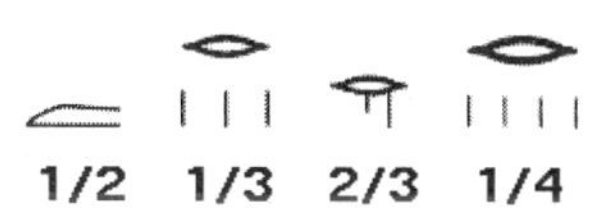

数字的局限性

使用重复的符号来表示出 1、10、100 之外的其他数字会让数字很难写，同时也增加了计算的难度。如果像罗马数字那样，将一个符号放在另一个数字之前就可以表示减法的话，那么我们就无法直接通过统计各种符号出现的次数来进行加法运算了。例如，如果我们仅数了 C、X、V 的个数，那么 XCIV + XXIX（94 + 29）的结果将会与 CXVI + XXXI（116 + 31）的结果相同。尽管罗马人绞尽脑汁，但是这个体系还是有着明显的局限性：算术运算太不灵活。分数只能表示 1/12 的整数倍，而且没有小数。因此，你能想象出如何用罗马数字，而且在没有数字 0 的情况下来处理像幂或者二次方程这样复杂的数学概念吗？

$$\mathrm{IV}^{\mathrm{III}} = \mathrm{LXIV}$$
$$\mathrm{XII}x^{\mathrm{II}} + \mathrm{IV}x - \mathrm{IX} = \mathrm{I} - \mathrm{I}$$

所以，罗马的数学并没有走得太远也就不足为奇了。

幂

一个数的平方就是这个数与自身相乘的结果。例如，3 的平方等于 3 × 3。

我们也可以把它记为 3^2。

这种表示可以读作“3 的 2 次幂”，意思就是将两个 3 相乘。

一个数的立方就是这个数与自身乘两次，所以 3 的立方就是 3 × 3 × 3，它也可以表示为 3^3，读作“3 的 3 次幂”。

上标数字（那个小的、位置高一些的数字）叫作幂或者指数。

平方数和立方数在我们的生活中应用广泛，因为它们与二维或者三维物体有关。数学中还有更高次幂，除非你是个理论物理学家，否则你在现实生活中可能并不会关注额外维度（extra dimension）。

数位

今天，我们使用的阿拉伯数字体系只有 9 个数字，它们可以被无限地组合使用。从公元前 3 世纪开始，阿拉伯数字在印度发展得比较缓慢，后来被阿拉伯人改进，然后才渐渐被整个欧洲接受。在这个数字体系中，数的位置表示了它的“地位”，因此被称作数位（place value）。越靠近左边的数字“地位”越高。阿拉伯数字比之前介绍的罗马数字更具灵活性。

千位	百位	十位	个位
5	6	9	1

我们可以用 5691 来举例说明，它是由以下的数组成的：

5000 (5 x 1000)
600 (6 x 100)
90 (9 x 10)
1 (1 x 1)

有了数位，我们甚至可以只用很少的几个数字就表示出一个非常大的数。以下是阿拉伯数字与罗马数字的一个对比：

88 = LXXXVIII
797 = DCCXCVII
3839 = MMMDCCCXXXIX

数位一个挨着一个，后一个是前一个的 10 倍。

在印度—阿拉伯计数系统中第一次出现了对数位概念的描述，它来自于印度数学家阿耶波多（Aryabhata）（公元 476—550 年）

> 印度数字包括 9、8、7、6、5、4、3、2、1。如果再加上 0，那么人们就可以写出任何数字。
>
> 斐波那契

空无一物——零的出现

只要每个位置上都有数字，数位还是有其作用的。但是，如果某个数位上没有数字，比如在十位上没有数字（比如 308），那么我们应该如何表示？留下一个空格，就像中文一样吗？除非我们特别仔细地排列数字，否则很可能会产生歧义：9 2 既可能被当作 902，也可能被当作 9002，这两者的差别还是很大的。

印度的数字也采用空格来表示一个空的数位，但后来就改用点或者小圆圈来表示空位了。人们给这些空位起了个梵文的称谓 sunya，就是“空”的意思。大约在公元前 800 年，阿拉伯人开始使用印度人的数字，他们仍旧沿用了空位符号，仍称它为“空”。在阿拉伯语中表示“空”的词汇是 sifr，这也是“zero”一词的由来。

印度—阿拉伯数字（Indo-Arabic numerals）第一次出现于欧洲大约是在公元 1000 年，但它真正在欧洲普及则是几个世纪之后的事情了。意大利数学家莱昂纳多·波那契（Leonardo Bonacci），也就是我们熟悉的斐波那契（Fibonacci），早在 13 世纪就曾提倡使用阿拉伯数字。但是直到 16 世纪，欧洲商人仍在使用罗马数字进行着贸易往来。

迄今为止，被保留下来的最早在十进制数字中使用符号“0”的记录来自 683 年的一段碑文，这段铭文被镌刻于柬埔寨的一处石碑上。数字 6 和 5 之间的大圆点代表的是 0，这个数字是 605。

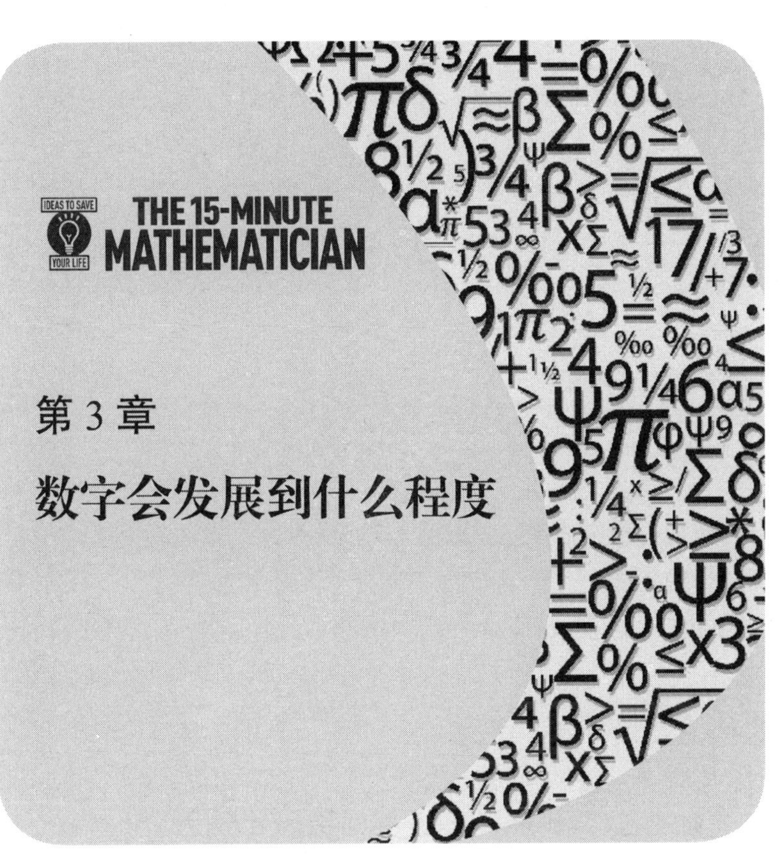

第 3 章

数字会发展到什么程度

并不是所有的数字体系都可以一直发展下去。

我们的数字体系是无限的，只要你敢想，就可以一直数到任意大的数，只是要有越来越多的计数单位而已。但是，事情并非总是如此。

数字不够用吗

最简单的计数系统被称为2-计数系统（2–count）。这种系统简单到甚至不能进行运算，而只能对较小的数量进行计数。2-计数系统包含一些能够表示"1"和"2"的词汇，有时还用"很多"来表示那些数也数不明白的大数。南非的布希曼人仍然使用着这种计数系统，他们用一串"2"和"1"来计数。这个系统的效用取决于人们到底能够记录下多少个"2"。

1	**xa**
2	**t'oa**
3	**'quo**
4	**t'oa-t'oa**
5	**t'oa-t'oa-ta**
6	**t'oa-t'oa-t'oa**

苏派尔语（Supyire）是马里人的一种语言，它有一些简单的词汇来表示 1、5、10、20、80 和 400，而其他数字则是由这些基本词汇构成的。例如，600 在苏派尔语中被读作“kàmpwòò ná kwuu shuuní ná bééshùùnnì”，意思就是 **400 +（80 × 2）+（20 × 2）**。

巴拉圭的托巴人使用一种只有 1~4 这四个基本数词的计数系统，而 4 以上的数字则是用这四个基本数词的各式组合来表示。

1	**nathedac**
2	**cacayni** 或者 **nivoca**
3	**cacaynilia**
4	**nalotapegat**
5 = 2 + 3	**nivoca cacaynilia**
6 = 2 x 3	**cacayni cacaynilia**
7 = 1 + 2 x 3	**nathedac cacayni cacaynilia**
8 = 2 x 4	**nivoca nalotapegat**
9 = 2 x 4 + 1	**nivoca nalotapegat nathedac**
10 = 2 + 2 x 4	**cacayni nivoca nalotapegat**

使用这种计数系统来记录数量较少的事物还是不错的，比如你可以用它来数数你有几个孩子，但是它的局限性也很明显。

小无穷

“无穷大”经常用来形容一个大的数不过来的数字（详见第 7 章和第 8 章）。对于使用简单计数系统的布希曼人和托巴人来说，或许一个接近 100 的数字可能就已经算是“无穷”了。在一个不必使用抽象数学的社会中，比起家族规模或者一群动物的数量，我们不必过分强调“无穷大”的概念。

比零还小

在早期普通的计数系统中，人们并不需要负数。事实上，古希腊人根本不相信有负数存在。公元 3 世纪，希腊数学家丢番图（Diophantus）甚至认为像 $4x + 20 = 0$ 这样的方程式是荒唐可笑的，因为该方程的解为负数。

的确，农民并不会把丢失的 3 只羊说成−3 只羊，只要说羊群中少了 3 只即可。但是在商业领域，人们需要描述负债。如果你向别人借了 100 枚硬币，那么你的账户就变成了−100；如果你还了 50 枚硬币，那么你的账户就变成了−50。从公元 7 世纪开始，印度人就已经使用负数来表示负债了。

有记载的负数甚至比这还要早。公元 3 世纪，中国数学家刘徽就创立了使用负数进行运算的算术法则。他把计数用的小棍涂成两种颜色，一种表示收益，另一种表示亏损，并分别称为正、负。他用红色的小棍表示正数，用黑色的小棍表示负数，这恰恰与现代会计惯例相反。

数字的分类

目前，数学家们把数字划分成了几种不同的类型。

- 自然数（natual number）：你最早知道的那些数字，我们用它们来计数，比如 1、2、3……
- 非负整数（whole number）：在自然数的基础上增加了一个 0，即 0、1、2、3……（看起来可能有点奇怪，“0”看上去明明就是个小“漏洞”啊，怎么还称得上“完整”呢？别纠结了，数学家们就喜欢这样。）
- 整数（integer）：包含了非负整数和小于零的负整数，即……−3、−2、−1、0、1、2、3……
- 有理数（rational number）或者分数（fractional number）：可以被写成分数的数字比如 1/2、1/3 等。整数也属于有理数或分数，因为它们也可以被写成分数，比如 1/1、2/1 等。有理数或者分数也包括了两个整数之间的所有分数。所以有理数都可以被写成有限或者无限循环的小数，比如 1/2 和 1/3 可以分别被写成 0.5 和 0.33333…
- 无理数（irrational number）：无法被写成有限或者无限循环小数的数字，或者是那些两个非负整数之间无法用比率表示的数字。它们是无限不循环的小数。比如 π、$\sqrt{2}$和还有 e（详见第 4 章）都是无理数，我们已经可以用计算机算出它们小数点之后的上万亿位，却尚未发现这些小数有周期循环的规律。
- 实数（real number）：上述介绍的所有类型的数字。
- 虚数（imaginary number）：那些包括了虚数符号“i”在内的被定义为−1 的平方根的数字（我们不必担心如何对−1 开平方了）。

计数和测量

虽然我们可以通过计数来统计事物的数量，但并不是所有事物都可以轻易数清，有时甚至根本就无法计数。在自然界中，无法统计数量的事物或许要远多于那些可以被统计数量的事物。我们可以数清人、动物或者植物的数量，也可以数清少量石子或者种子的数量，但却很难数清小麦上的麦粒数量，或者一片树林中有多少棵树，或者一个蚁穴中有多少只蚂蚁。这些都可能是我们可能无法测量的。实际上，人们在很早以前就已经开始通过重量或者体积来计算麦粒的数量了。有些事物也只能通过这样的方式进行测量：我们会通过测量体积来衡量液体的多少，通过测量重量（或质量）来比较岩石的轻重，通过丈量面积来了解土地的大小（详见第 15 章）。

从计数发展出的另一个概念就是刻度，比如温度。刻度可以用负数表示。除非从 0 刻度开始计量，否则负数是非常有用的。不论是使用摄氏度还是华氏度，温度计一定会用到负数。矢量（既有大小又有方向的量）需要负数，也就是说当我们想表示一个具有正反两个方向的量时，我们可以用正数表示一个方向上的量，而用负数表示另一个方向上的量。如果我们顺时针转过 45°，这就是正向旋转，但如果我们再按逆时针方向旋转 30° 时，就是旋转了 –30°。同样，离子（带电粒子）可以带正电也可以带负电，带电不同，其与其他物质的反应也不同。在日常生活中，你很可能会在以下场合中遇到使用负数的情况：

- 电梯的–1 楼按钮：地下一层；
- 某支足球队的净胜球数为负数：球队的失球数多于进球数；

- 负海拔：某地的地理位置处于海平面以下；
- 通货膨胀（通货紧缩）为负：零售商品价格正在下跌。

谁会数数

尽管我们认为数学是人类特有的行为活动，但实际上，其他一些动物似乎也会数数。科学家们已经发现，某些种类的蝾螈和鱼能够区分出两个大小不同的群，只要其中一个群的数量超过另一个群两倍。蜜蜂能够清晰地分辨出 1 到 4 这四个数字。狐猴和其他一些种类的猴子甚至具有简单的数学能力，而且有些种类的鸟可以数清楚它们的蛋、雏鸟或者兄弟姐妹的数量。

数字是真实存在的吗

在所有关于数字真实性的讨论中，非负整数似乎是最受大家认可的。甚至波兰数学家利奥波德·克罗内克（Leopold Kronecker）也对其表示了认可。

非负整数看上去无懈可击，但当你仔细观察它们时，情况或许就不是这样了。自然界中好像到处都能够找到非负整数。三只狼正在森林中穿行，这看似是自然界中的非负整数在发挥作用。但我们并不能够真的在每只狼的周围划分出严格的边界，总会有原子从狼的身上飞走、进入或者穿过狼所在的边界区域。狼与狼之间的摩擦会造成电子从一只狼的身上转移到另一只狼的身上，甚至大部分生物细胞都不是狼的。虽然整个实体近似于一只狼，但实际上它却是在一直变化的。随着我们观察得越来越细微，甚至细微到亚原子粒子，我们可能会发现“事物”就是一种阴影或者能量脉冲，它们在任意时刻可能或者不可能在某一确定的位置上出现，因此很难被计数。

非负整数会是某一时刻的映像吗？这一时刻有多短？我们要怎样去测量呢？对于像时间这样连续的事物来说，测量的标准是完全可以任意指定的。就像芝诺悖论所展示的那样，如果我们把时间划分成一个个短暂时刻，那么逻辑推理的结果会与我们观察的现实世界大相径庭。

第 4 章

10 是多少

10 通常都被当作一个比 9 大 1 的数，但未必总是如此。

我们常说，我们使用的数字体系是十进制的，也就是说当我们计数计到 9 的时候，如果还要继续，我们就需要把个位变为 0，而在十位上添加个 1，我们把这个数字称作“10”。10 之后的数字会变成两位数，一位表示十位，一位表示个位。当计到 99 的时候，我们就到达了两位数的极限，这时我们就需要再增加一位，即百位。

但计数的方法并非只此一种。没有规定 9 就必须是每个数位上出现的最大数字。我们可以使用更多或者更少的计数单位。

什么是十进制

“十进制”这个名字并没有给我们提供什么有意义的信息。无论个位停在了哪个数字上，新的数位上出现的数字总是“10”。一个外星族群规定每个数位上只能出现小于 9 的数字，那么它们也同样可以把它们的体系称为十进制，只是在这个体系中没有“9”这个计数单位罢了（即 0、1、2、3、4、5、6、7、8 和 10）。看来，我们确实需要一个新的名字（和符号）来表示“10”，并用它为我们的进制系统命名。

手指、脚趾、腿和触角

我们之所以发展出十进制的数字体系，或许是因为我们有 10 个手指，所以用 10 来计数比较容易。如果不是人类，而是只有 3 个脚趾的树懒统治了世界，那么或许它们就会发展出六进制或者三进制的数字体系，当然如果它们喜欢把它们的前爪和后爪的脚趾头都用上的话，那么也可能是 12 进制。一个三进制的系统会以如下表所示的方式计数。

三进制 – 树懒的计数方法 1									
0	1	2	10	11	12	20	21	22	100
六进制 – 树懒的计数方法 2									
0	1	2	3	4	5	10	11	12	13
十进制 – 人类的计数方法									
0	1	2	3	4	5	6	7	8	9

如果统治世界的是章鱼，那么它们很可能会使用八进制来计数。事实上，它们是非常聪明的生物。据我们所知，它们已能够很好地运用八进制来计数。

八进制 – 八爪鱼的记数方法									
0	1	2	3	4	5	6	7	10	11
十进制 – 人类的记数方法									
0	1	2	3	4	5	6	7	8	9

10、20、60……

我们甚至不需要举更多例子就可以看到那些正在发挥作用的不同进制。例如，古巴比伦人就采用了 60 进制（详见第 6 章），而玛雅人采用的是 20 进制。“2- 计数系统”使用了 2 进制。我们也在一些计量体系中使用了 12 进制（比如 1 英尺[①]为 12 英寸[②]，12 便士为 1 先令，12 个鸡蛋为一打）。如果以人体作为计数标准，并不一定意味着必须要以十进制作为基准。新几内亚的奥克萨普明人就使用了 27 进制，他们的方法是从人体一侧的大拇指开始数起，顺着胳膊和头的方向，一直数到另一侧的小拇指。

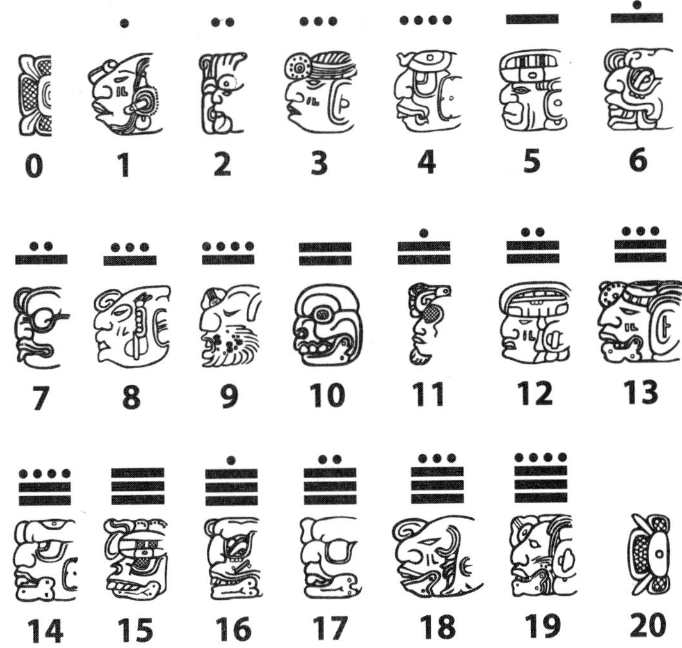

① 1 英尺约为 0.3048 米。——译者注

② 1 英寸约为 0.0254 米。——译者注

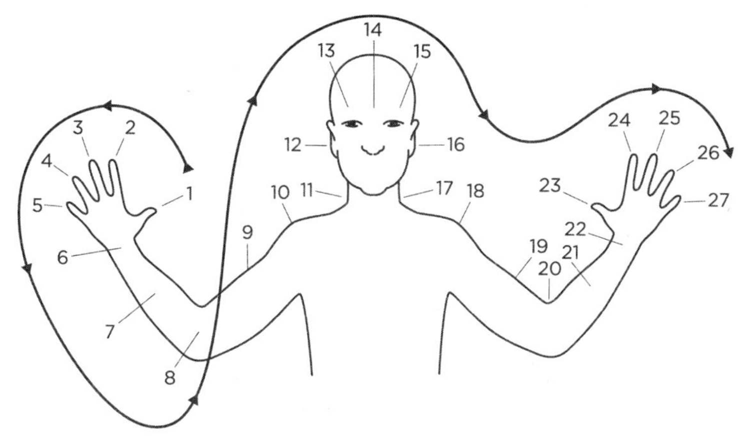

计算机的计数方式

我们并不总是使用十进制来计数。很多计算机使用的是 16 进制。由于我们在数位上没有 9 以上的数字，因此我们将字母表中前面的几个字母补充到 16 进制中，来表示数字 10 到 15。

十进制 – 人类的计算方法																
0	1	2	3	4	5	6	7	8	9	10	11	12	13	14	15	16
16 进制 – 计算机的计数方法 1																
0	1	2	3	4	5	6	7	8	9	A	B	C	D	E	F	10

你或许已经注意到计算机中的颜色值常会用一串编码来标识，比如 #a712bb，这串编码实际上是由 3 组 16 进制数字组成的，它们分别是 a7、12 和 bb。每一组数字分别表示了红、绿、蓝这三种原色的量值的大小。计算机可以按照给定的三原色数值合成其他的颜色。如果将这些数值转换成十进制数字，它们将分别是 23（a7=16+7）、18（12=16+2）和 187［bb=（11×16）+11］。使用 16

进制意味着只需要使用两个数位就可以存储一个较大的数值（最大255=ff）。

所有的计算机操作最终都会转化为二元运算，或者二进制运算。这种运算仅仅使用两个数字——0 和 1——每当计数达到 2 时，就需要增加一个新的数位。

二进制 – 计算机的计数方法 2									
0	1	10	11	100	101	110	111	1000	1001
十进制 – 人类的计数方法									
0	1	2	3	4	5	6	7	8	9

2 进制允许所有数位上的数字都能够用两种状态中的一个来表示，这两种状态可以被称为“开 / 关”或者“正 / 负”。这意味着所有内容都可以通过有电荷或者无电荷的方式被编码保存在磁盘或者磁带上。

与外星人交流

假设在宇宙中存在着智慧生物（详见第 18 章），那么它们会如何计数呢？它们可能会长着 17 只手，因此很可能采用 17 进制。它们可能在某个时点上也发现并开始使用二进制（假设数字不只是人类的产物），那么二进制将会成为我们与它们进行沟通的一种手段。

两艘先驱者号宇宙飞船分别于 1972 年和 1973 年发射升空，它们的舱外装有镀金铝板，板子上刻有氢原子内自旋跃迁的两种状态，一种是电子自旋向上，另一种是自旋向下。两种状态之间的差别可以被用来测量时间和距离，这种测量方法在宇宙各处都是一样的，应该能够被那些有能力进行星际旅行的智慧生物识别。

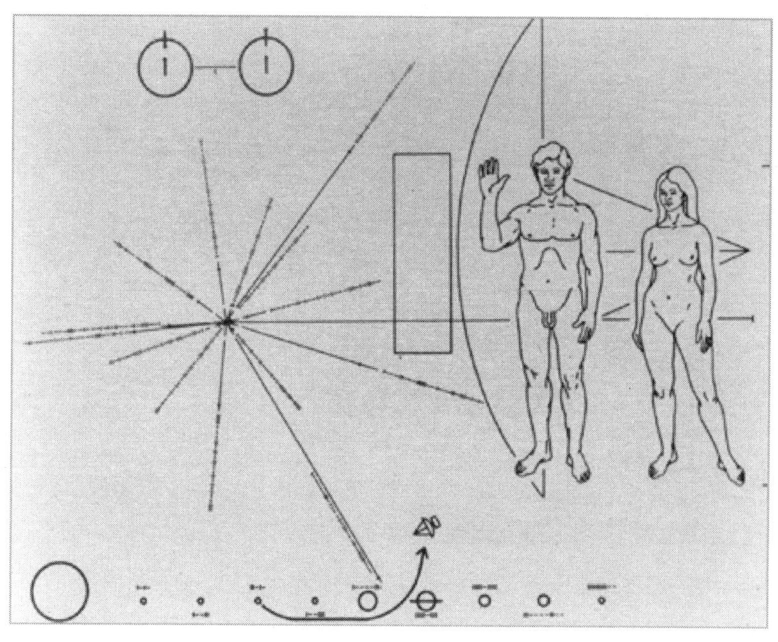

数字体系的基础

我们还有其他的计数方式吗？用离散数作为我们数字体系的基础看上去可能会比较直观，但是否还有其他方式来表示数字呢？要是我们的文明更加关注圆形，或是用圆周率作为基础来建立数字体系会如何呢？如果我们的数字体系建立在乘方之上又会怎样呢？这并不完全是异想天开，因为以乘方为基础的数字体系或许能够更加准确地计算出一维、二维和三维实体的长度、面积和体积。对我们来说，这些体系将会怎样工作几乎是无法想象的，就像我们很难想象，如果我们肉眼可见的光谱与现在的不同，那么我们眼中的世界将会变成什么样子呢？例如，蜜蜂可以看见紫外线，而响尾蛇可以在红外线中看清物体。因此，我们无法排除这种可能，即在宇宙他处的生命或许会以完全不同的方式使用数字，当然它们也可能根本就不使用数字。

对数：让基数加倍努力地工作

对数就是你想把基数变为特定数值时所需的指数。这听起来让人费解，但实际上它并不难。它的表达式是：

$$y = b^x \Leftrightarrow x = \log_b(y)$$

（其中 b 被称为基数或底数，x 则被称为以 b 为底数时 y 的对数）

不要惊慌，我们来举个例子：

$$\mathbf{1000 = 10^3，所以\ \log_{10}(1000) = 3}$$

对数是处理大数的一个好方法，因为它可以把大数转化为非常小的数字。这样，两个数相乘就可以转化为它们的对数相加；而两个数相除则可以转化为一个数的对数减去另一个数的对数，然后再对答案进行逆运算就可以了。

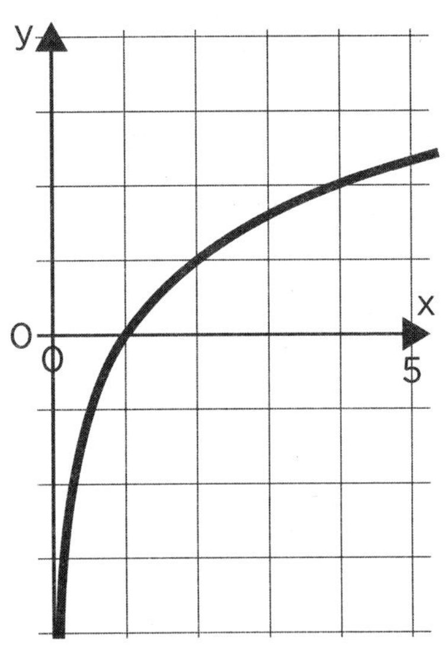

在计算器和电脑进入我们的生活并得到普及之前，对数表是用来进行复杂运算的主要工具。

但是，当需要对一个基数的分数次幂求对数时，问题会让人难以理解，因为这时的幂不是一个整数。例如，求以 10 为底的 2 的对数，即 $\log_{10}(2)$

的结果是 0.301 03，也就是说 $10^{0.30103} = 2$。一个数怎么能够跟自身相乘整数次呢？数学就是这样一门有趣又让人头痛的学科。你可以先画出 2 的指数曲线图，它看上去就像是上页的图。[该图被称为对数曲线，很多图都是类似的形状。曲线不断接近 y 轴，但永远不会与 y 轴相交（x=0）]。

一旦你画出了曲线图，那么你就能够从图中看到你想要得到的任意值，包括那些一眼看上去觉得不可能的数值，比如一个数的分数次幂所对应的值。

不论对数的基数是多少，所有的对数曲线都会与 x 轴交于 1，因为任何数的 0 次方都等于 1：

$$10^0 = 1$$
$$2^0 = 1$$
$$15.67^0 = 1$$

当然，指数也可以小于 0。负指数会使得乘方的结果小于 1，因为负号告诉我们要把指数运算的结果作为分母放在分子 1 的下面（也就是倒数），这就得到了一个分数：

$$2^{-1}=1/2$$
$$2^{-2}=1/2^2=1/4$$

千万不要以为对数的基数只能是 10，并不是这样的。例如当以 2 为基数时，16 的对数就是 4：

$16=2^4$，所以 $4=\log_2(16)$

很多科学、工程甚至是金融领域的应用程序都使用了所谓的

“自然对数”，也就是以 e 作为基数的对数。e 是个无理数（一个无限不循环小数），它最开始的几位是 2.718281828459…

关于 e

这个数字被叫作“e”，或者欧拉数，数学家用一个看上去有些吓人的方式来定义它：

$$e = \sum_{n=0}^{\infty} \frac{1}{n!}$$

这是一个简略式，展开是：

$$e = 1 + \frac{1}{1} + \frac{1}{1\text{x}2} + \frac{1}{1\text{x}2\text{x}3} + \frac{1}{1\text{x}2\text{x}3\text{x}4} \cdots$$

如此下去，直到无穷。

最初的几个分式相加等于：

$$e = \frac{1}{1} + \frac{1}{2} + \frac{1}{6} + \frac{1}{24}$$

$$= 1 + 1 + 0.5 + 0.1666 \cdots + 0.4166 \cdots$$

$$= 2.70826 \cdots$$

自然对数可以表示为 $\log_e$ 或者 ln。因此 $\log_e$（n）就是可以把 e 变为给定数值 *n* 时的那个指数值：

$$e^{1.6094} = 5$$

所以，

$$\log_e(5) = 1.6094$$

自然对数看上去好像并没有什么用，但实际上它的应用很广泛，比如计算复利。1 美元 / 英镑 / 欧元，在年利率为 R 的条件下，储蓄 t 年的复利的计算公式为 e^{Rt}。如果你在年利率为 4% 的情况下，用你的钱投资 5 年，那么 5 年后你获得的复利将是 $e^{0.04\times5}=e^{0.2}=1.22$。如果你用 10 美元 / 英镑 / 欧元进行投资，那么 5 年后你的收益将是：

$$10e^{0.04\times5} = 10e^{0.2} = 12.21$$

（额外的 0.01 只是计算结果的下一个数位，因为我们使用货币时可以保留两位小数）

使用 e 来找到工作！

2007 年，谷歌在美国的很多城市都打出了如下广告：

“{ 在常数 e 中出现的连续的第一个 10 位质数 }.com”

解出这道题后，你就可以登录网站（7427466391.com），将会有一道更难的题等待着你。如果你能够继续解出，就可以来到谷歌实验室的主页，在那里，谷歌会为这些有兴趣到此一游的极客们提供面试的机会。

第5章

为什么有很多简单的问题却难以回答

提出问题容易，但想要回答它们却并不容易，如果你想要坚不可摧的证明的话。

每一个非负偶数总能够写成两个质数之和吗？这个对于我们日常生活并不是太重要的问题看上去似乎非常简单。普鲁士的业余数学家克里斯蒂安·哥德巴赫（Christian Goldbach）曾经提出这样一个猜想：任一大于2的偶数都可以写成两个质数之和。

1742年，他在给国际知名数学家莱昂哈德·欧拉（Leonhard Euler）的信中提出了这个猜想。我们可以用几组数字来看看这个猜测是不是正确：

4=2+2（2是唯一的偶质数）

6=3+3

8=5+3

10=5+5

12=7+5

……

7614=7607+7

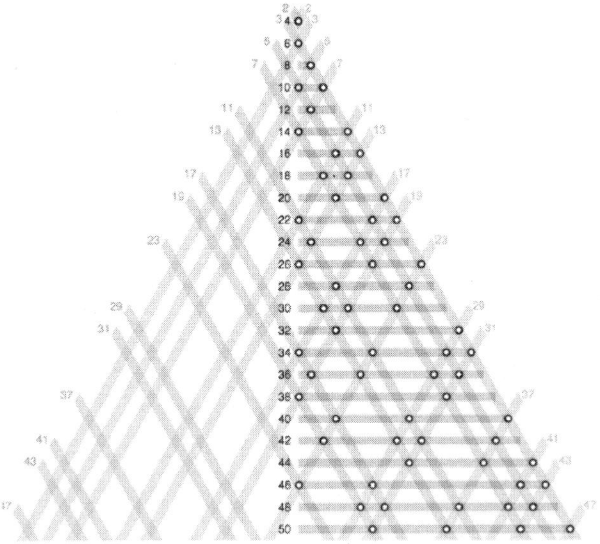

1 和质数

尽管 1 具备了质数的某些特性，但事实上 1 并没有被认为是质数。质数的定义中排除了 1：任何大于 1 且除了 1 和其自身之外没有其他因数的数被称为质数。当然，不包括 1 自然有其他原因，而且这些原因解释起来有些复杂，因此我们暂且认为 1 之所以不是质数是因为它太特殊了。

实际上，哥德巴赫确实曾经考虑过把 1 当作质数。他还提出了另外一个想法，这个想法现在被称为弱哥德巴赫猜想，即每一个大于 2 的奇数都能够被表示为三个质数之和。既然我们把 1 排除在质数之外，弱哥德巴赫猜想也被重新表述为任何一个大于 5 的非负奇数都能够被表示为三个质数之和。[弱哥德巴赫猜想已经在 2013 年被秘鲁数学家哈洛德 • 贺欧夫各特（Harald Helfgott）证明]

“

每一个偶数都是两个质数之和，虽然我无法证明它，但我还是完全相信它是一个定理。

摘自克里斯蒂安·哥德巴赫于 1742 年 6 月 7 日致欧拉的信

”

欧拉有些不明智，他对哥德巴赫的想法甚至有些藐视。尽管哥德巴赫能够举出很多满足猜想的数字实例，但是他却始终无法证明他的猜想是对的。在数学上，即使你尝试的每组数字都能让某个定理成立，也并不能说明什么问题，你需要的是证明它。

直到今天，人们仍然无法证明哥德巴赫猜想。虽然计算机已经将实例验证的范围扩展到 4×10^{18}（4,000,000,000,000,000,000），但这仍然不能证明哥德巴赫猜想。真的会有一个数，或许就在 $10^{2,000,000}$ 附近，它就恰恰不满足哥德巴赫猜想吗？如果真有这样一个数，那么我们可能就有了一种被愚弄的感觉，毕竟我们一直认为它是一个定理。尽管 $10^{2,000,000}$ 这个数字并没有什么实际用处，因为在我们已知的宇宙中还没有什么特殊的事物与之有直接关系。虽然算出它并无法证明哥德巴赫猜想，但至少可以说明该猜想是错误的（详见第 10 章）。因此，不断尝试并不是浪费努力。

这只是猜想

数学定理是那些已经被证明了的陈述。你可能会产生某种想法，这个想法可能是一种猜测，也可能是某种有很多例证的直觉，但是如果你无法证明它，那么这个想法就只能是一个猜想。如果你后来找到了证明它的方法，那么它就可以升级为一个定理。如果是其他人找到了证明它的方法，那么他们通常就会为这个定理命名，即便它在几个世纪之前就已经被提出。

皮埃尔·费马（Pierre de Fermat）在提出他所谓的“最后的定理”时就耍了个小手段，他说他已经找到了证明的方法，只是没有地方写下来。因此，当英国数学家安德鲁·怀尔斯（Andrew Wiles）在 1993 年证明了这个定理的时候，也只好沿用“费马大定理”这个名字，因为费马早已宣称自己证明了该定理（不管怎样，这个定理早已和它的名字一起家喻户晓了）。谁知道费马到底是不是真的证明了该定理，或许他只是希望这个定理不仅仅是个猜想吧。

费马最后的定理

1637 年，皮埃尔·费马在希腊数学家丢番图的《算术》（*Arithmetica*）译本的页边空白处潦草地记下了他“最后的定理”。定理的内容是：当整数 n 大于 2 时，关于 a、b、c 的方程 $a^n + b^n = c^n$ 没有正整数解。也就是说，虽然我们可以写出如 $3^2+4^2=5^2$ 这样的等式，但我们无法对其他大于 2 的幂次方写出类似的等式。费马还特别说道，他已经找到了一种证明方法，但由于这里的空白处太小，所以他并没有把这种方法记录下来。

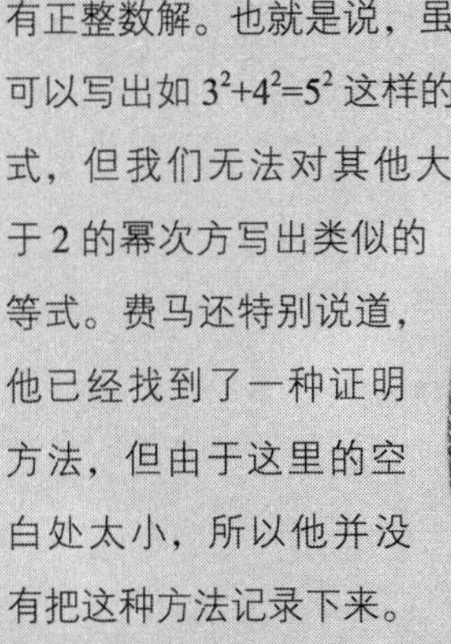

你能证明它吗

简单的数学问题可能很难回答，因为给出证明往往很难。哥德巴赫说他坚信他的猜想是正确的，但是却无法证明。计算机已经在远超我们常用的数域范围之外证明了哥德巴赫猜想的正确性。在数学领域，证明是一个归纳论证的过程（与演绎推理相反）。它必须基于那些已经被建立的（定理）或者不证自明的陈述（公理）之上。证明的过程也必须符合逻辑和推理。证明的每一步都必须基于已知事实。只有在极其偶然的情况下，比如你能够对每一种可能性都进行验证，那么证明的过程才能够基于实例验证。例如，如果你对 2 到 400 之间的所有偶数提出了某种猜想，我们就可以按顺序对每一个数字进行验证，看它们是否满足条件。如果所有的数字都满足，那么我们就证明了这种猜想，从而建立起定理，但这种情况只是极少数的个例。借用哥德巴赫猜想的理论，我们无法验证每一个偶数，因为满足条件的数字有无穷多个。这时，我们就需要一个变量来代表满足条件的任意数字。

欧几里得和那些公理

我们或许刻意回避了那些“不证自明的事实”或者公理。什么会使事情不证自明呢？对你我而言，可能 1+1=2 就是一个不证自明的事实，但对于数学家来说，在接受这个事实之前必须要先证明它。公理比基本事实更恒定。

大约在公元前 300 年，希腊数学家欧几里得在其最著名的著作

《几何原本》(*Elements*) 中提出了五个公设。顺便提一下，《几何原本》是迄今为止，除宗教书籍外，流传时间最长的一本书，它被用作几何教科书的历史已经超过了两千年。

1. 任意两点必可用直线连接。(连线被称为“线段”。)
2. 任意线段可以无限延长——也就是说你想画多长的线就能画多长，没有限制。(看吧，这就是不证自明的事情啊！)
3. 给定一点和一条以该点为端点的线段，可以以该点为圆心、线段长为半径来画一个圆。(这听上去好难，但你可以想象一下。给定的点就是你圆规针脚的那点。线段长就是你拉开圆规后，圆规两条腿之间的长度。现在你只要转动圆规一周，就可以画出一个圆了。)
4. 所有直角都全等。(好吧，似乎无话可说……)
5. 给定两条直线，画一条线段与两条直线相交。如果在直线同侧的两个内角之和小于 180°，则这两条直线一定相交。

第 5 个公设听起来相当复杂，但实际上它的意思就是说如果你画了一幅类似下图的图：

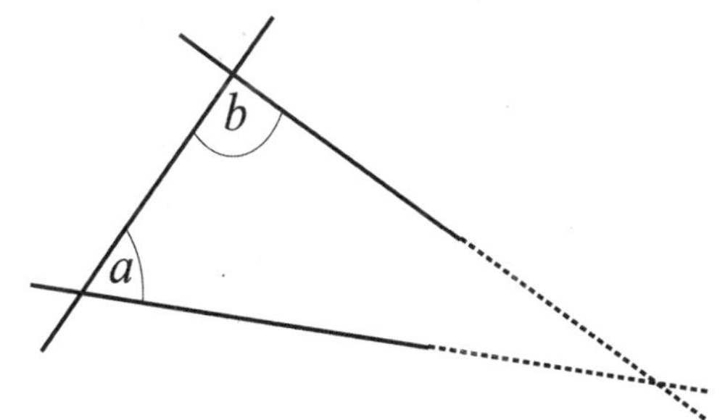

并且图中角 $a+b$ 之和小于 180°，那么你画的这两条直线最终将会相交于一点，并且构成一个三角形。

欧几里得还列出了五条“公理”：

- 等于同量的量彼此相等；（也就是说，如果 $a=b$ 且 $b=c$，那么 $a=c$）
- 等量加等量，其和仍相等；（也就是说，如果 $a=b$，那么 $a+c=b+c$）
- 等量减等量，其差仍相等；（如果 $a=b$，那么 $a-c=b-c$）
- 彼此能够重合的物体是全等的；
- 整体大于部分。

欧几里得对几何特别感兴趣，他的五条公设也是专门针对其应用而提出的。近代的数学家已经在尝试让公理尽可能地与具体的内容和场景无关。当这些数学表述与任何特定场景的关联越小时，它们的适用范围就会越广。但对于我们这些普通人来说，它们的用处越小，它离我们的现实生活也越远。

让我们来验证定理吧

证明的过程是什么样子的？我们拿熟悉的毕达哥拉斯定理[①]来举个例子吧。毕达哥拉斯定理说的是如果你对一个直角三角形的三个边长进行平方，那么你会发现两条短边边长的平方之和将会等于最长边的边长平方。（这个定理也通常被表述为直角三角形斜边的平方等于两条直

① 毕达哥拉斯定理也被称为勾股定理。——译者注

角边的平方和。）

我们该如何证明这个定理呢？实际上证明的方法有很多，我们现在只对其中一种方法进行说明。

首先，我们将四个如右图所示的灰色直角三角形首尾顺序连接起来，就构成了一个正方形。如下图所示，之前直角三角形的直角变成了正方形的四个顶角，与此同时，在大的正方形内部，四个三角形又围成了一个小的正方形。通过观察，你可能已经发现了一种证明的方法。大正方形每一条边长等于 $a+b$，所以大正方形的面积为：

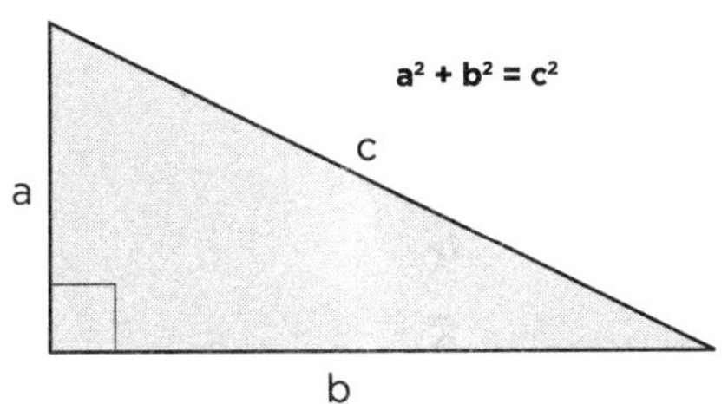

$$A=(a+b)(a+b)$$

每一个小三角形的面积等于：

$$\frac{1}{2}\times ab$$

中间小正方形的面积为：

$$c^2$$

因此，你有两种方法求出大正方形的面积：

$$A=(a+b)(a+b) \text{ 和 } A=c^2+4\times\left(\frac{1}{2}\times ab\right)$$

对上面两式进行展开，可得

$$A=a^2+2ab+b^2 \text{ 和 } A=c^2+2ab$$

连接等式我们可以得到：

$$A=a^2+2ab+b^2=c^2+2ab$$

在等式两侧同时减去 $2ab$，就可以得到：

$$a^2+b^2=c^2$$

哇噻！（或者更正式些，证明完毕）。

由于使用了变量 a、b、c 来代表任意数字，因此我们可以确定，我们想要证明的结论是正确的。上述过程可以被视为一个证明的过程，有了这样的证明，毕达哥拉斯定理才能够真正被称为一个定理。我们不必再去测试每一个可能的三角形，因为证明的过程已经表明了定理对任何直角三角形都适用。不管三角形是大还是小，就算是三角形的边长只有几纳米那么小，或是有 400 亿公里那么长，这一定理仍会成立。

所以，问题之所以难以回答是因为直觉，数学家们无法接受诸如“这是显而易见的”之类的说辞，同样他们也很难接受经验证据。

第 6 章

巴比伦人为我们留下了什么

你几点起床？钟表上指针的夹角是多少度？你是什么星座？这都是日常生活中约定俗成的东西，它们出现的时间或许比你认为的还要早。

从 60 开始

巴比伦人的数字体系是围绕着 10 和 60 建立起来的。尽管这个体系经常被认为是 60 进制的，但实际上它也要使用 10 来作为计数的节点（详见第 4 章）。巴比伦人只使用两个符号来表示数字。他们将表示 1 的符号重复使用以表示更大的数，这种方式可以一直表示到 9，然后再用另外一个符号来表示 10。这样，只要将表示 1 和 10 的符号联结起来，就可以一直表示到 60。为了表示更大的数，巴比伦人又在不同的位置重新使用了进位数字符号。这意味着，只需要两个数字符号，再配合符号摆放的位置，巴比伦人就可以表示出任意一个数字了。

60 进制的“位置”上只能使用到 59，如果再进一位的话，实际表示的就是数字 3,600。

空格是非常重要的。数字 𒐖 表示的是 $2\times 1=2$，但如果中间有个空格，𒁹 𒁹 则表示的是（60×1）+（1×1）=61。巴比伦人还用倾斜的数字来表示 0，但这种符号只能用来表示在数字中间出现的零。

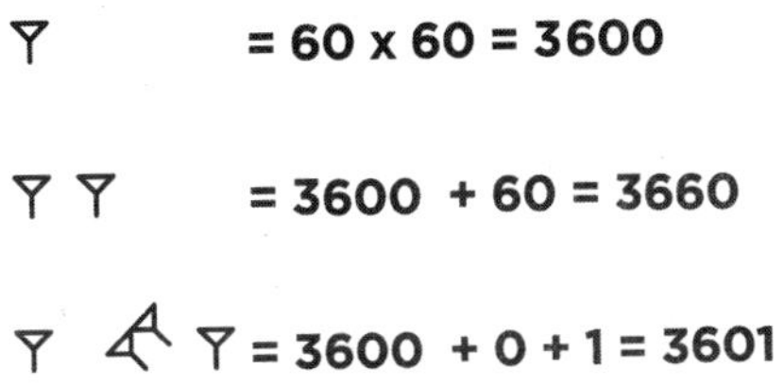

= 60 x 60 = 3600

= 3600 + 60 = 3660

= 3600 + 0 + 1 = 3601

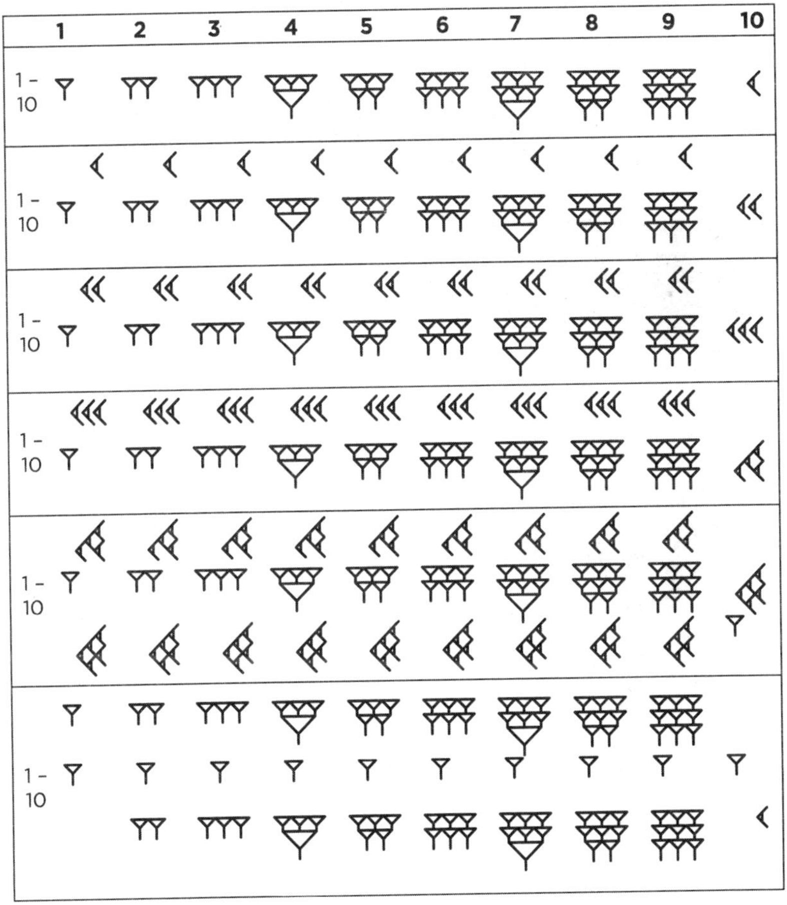

	1	2	3	4	5	6	7	8	9	10
1 - 10										
1 - 10										
1 - 10										
1 - 10										
1 - 10										
1 - 10										

秒和分钟

尽管巴比伦人从未精确地测量过时间，但是把 1 小时分成 60 分钟、把 1 分钟分成 60 秒的计时方法却是从巴比伦人的数字体系演化而来的。一个圆周为 360°，相应地被分成 60 分钟，1 分钟被分成 60 秒。4000 多年后，如今已经很难从我们的生活中将 60 这个印记抹去了。它甚至影响了后来发展出来的新的计量体系，这种被称为吉秒差距（gigaparsec）的新计量体系远远超过了巴比伦人的想象。如今，利用它，我们已经可以对可观测到的宇宙范围进行测量。秒差距（parsec）的定义正是基于圆周角被分成 360° 的划分方法，以及 60 分钟和 60 秒的细分方法。

为什么是 60

用 60 作基数是有很多好处的，比如 60 有很多因数（2、3、4、5、6、10、12、15、20 和 30）。其中最重要的因数是 12（60=12×5），巴比伦人在生活中广泛地使用了这个数字。巴比伦人（以及他们之前的苏美尔人）发明并发展了这种方法，后来古埃及人沿用了这种方法。他们将一天划分成 12 小时——白天 12 个小时，晚上 12 个小时。1 小时的长短会随着四季的变化而不同。有光亮的白天被划分成等长的 12 个部分，而漆黑的夜晚被划分成另外的等长的 12 个部分。希腊人第一个想到了要等长划分时间，但直到中世纪，随着机械时钟的出现，人们才真正实现了等长划分时间。巴比伦人

生活在非常靠近赤道的地方，因此 1 个小时的长短在一年之中的变化不是很大。如果巴比伦人最初生活在芬兰，或许他们从一开始就会决定使用等长时间了。

分钟和秒的概念最早是在公元前 1000 年由阿拉伯博学家阿尔 – 毕鲁尼（al-Biruni）引入的。秒被定义为一太阳日的 1/86,400。但是在那时，精确测量时间是不可能的，因此在之后的几个世纪中，分钟和秒与大多数人的生活并没有什么关系。

时间和空间

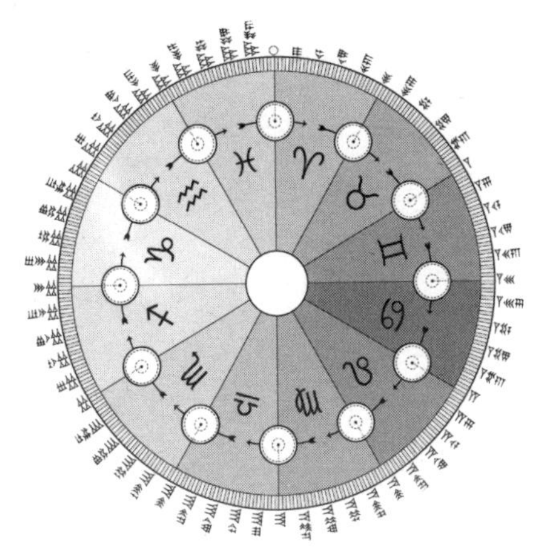

分钟和秒既可以用来表示几何的角度，也可以用来表示时间间隔。一开始，它们只被用来测量角度，后来之所以与时间联系起来则是因为圆盘形计时工具的广泛使用。

希腊天文学家埃拉托色尼（Eratosthenes，约公元前 276 年—公元前 194 年）最初将圆划分成 60 个部分来表示纬度。这样的划分使水平的纬度线穿过了当时世界几个已知的重要地点（尽管那时世界在人们的认知中还非常小）。大约 100 年之后，古希腊天文学家希帕克（Hipparchus）又提出了经度线，这些 360° 环绕地球的经度线从北极连到南极。又过了 250 年，大约公元 150 年，托勒密将 360° 进行了更为精细的划分。他将每 1° 划分成 60 份，每一份又被划分成更小的 60 份。“分钟”和“秒”这两个词语来自拉丁语 partes minutae primae 和 partes minutaese secundae。

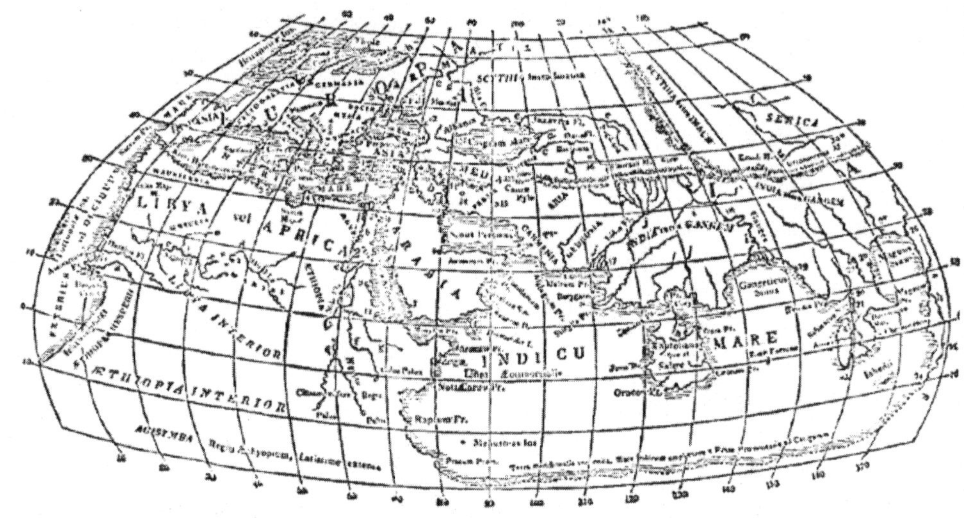

半小时和一刻钟

在 14 世纪时，钟表的表盘上实际只标出了小时，而没有标出分钟。小时按半小时和一刻钟划分，这也是很多老式钟表会在这些时点敲钟的原因。这种状况一直持续到 17 世纪末，1690 年，钟摆出现了，人们实现了对分钟的可靠测量，表盘上有了分钟的刻度。因为钟表的表盘是圆形的，而且一小时也已经被划分成 4 份，因此将一小时再细分成 60 分钟完全符合逻辑。这就是说，每一分钟是 6°，而每一秒是 0.1°。很明显，如果我们还想把秒标识得更清楚，就需要一个足够大的表盘。

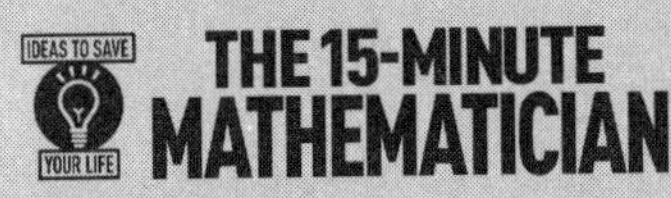

第 7 章

有些数是不是太大了

数字通常都有它们的用处，但是有些数字实在是太大了，以至于根本没有实际意义。

当你还是个小孩子的时候，或许你曾经想过要从1数到100万，不过，你很可能会在还没有数完的时候就放弃了。

数到100万要花多长时间呢？假如你不吃不喝，不休不眠，每秒数一个数，那么数到100万需要11天半，这么看来也不是完全不可能。如果你又吃饭又睡觉，每天只用不到半天的时间来数，那么大概需要一个月的时间才能数完。假如你真的成功了，那么你或许还想要继续尝试数到10亿，不过这可不是个好主意。如果你还是按照每秒数一个数的节奏，即使夜以继日地数，你也要花上31年零8个半月的时间才能数完。

我们可能永远都无法了解大数之间的差距，因此很容易忽略它们逐级增大得有多快。如果你觉得花31年数到10亿就已经很久了，那么要数到10,000亿呢？这将花费超过31,700年的时间。假设你从上个冰河时期结束的时候就开始数，到现在为止，你也只不过才数了不到1/3，大概只数到了300,000,000,000。

当我写到这一章的时候，美国的国债为18万亿美元多一点，这“一点”实际上是1710亿美元，所以对其自身来说，这“一点”

也绝非小数目。我们可以假设美国国债是从 575,800 年之前开始累计的，累计的速度是每秒 1 美元，利息为 0。那时，现代人类还没有进化出来，所以很可能是雕齿兽借走了第一个美元。

时间	借款方		债务(单位: 美元)
575, 800 年以前	雕齿兽		1
200, 000 年以前	现代人类		11.86 万亿
15, 000 年以前	美洲人类		15 万亿
9650 年以前	大陆上已经灭绝的猛犸象		17.87 万亿
4485 年以前	埃及金字塔		18.03 万亿

公元 450 年	罗马帝国覆灭		18.12 万亿
1620 年	五月花号起航		18.158 万亿
1776 年	美国独立		18.163 万亿

我们可以从以上给出的一些例子中了解到万亿的数字到底有多大。不过在大数的列表中，“万亿”只能算是比较小的数了。

节约用纸

写一长串数字，比如 10 亿和 10,000 亿，可能是经济学家和银行家每天都要做的事情。不过这样做会很快将纸张用尽或者占满整个显示器屏幕。而且这些大数也不容易读，你必须数清数字的位数才能确定到底第一位数字应该如何读。我们可以很快地判断出下面的数字是 20 亿：

2,000,000,000

但是如果不停顿一会儿来数清数字的位数，你能马上大声读出下面的数字吗？

234,168,017,329,112

科学记数法可以让大数的书写变得容易一些。我们可以用 10^6，而不是 1,000,000 来表示 100 万。10^6 就是 10 的 6 次方，也就是将 10 与自身相乘 6 次的意思：

10×10×10×10×10×10×10

10×10=100

100×10=1,000

1,000×10=10,000

10,000×10=100,000

100,000×10=1,000,000

所以 10^6 的结果就是 1 后面跟着 6 个 0。10 亿可写成 10^9，也就是 1 后面跟着 9 个 0。同样，10,000 亿可写成 10^{12}，这会比 1,000,000,000,000 容易写，也容易读。

英语中的 -illion

英语中“-illion”是个表示大数的后缀，比如 trillion 表示的是万亿，其他的还有：

Quadrillion	10^{15}
Quintillion	10^{18}
Sextillion	10^{21}
Septillion	10^{24}
Octillion	10^{27}
Nonillion	10^{30}
Decillion	10^{33}
Undecillion	10^{36}

Duodecillion	**10^{39}**
Tredecillion	**10^{42}**
Quattuordecillion	**10^{45}**
Quindecillion	**10^{48}**
Sexdecillion (Sedecillion)	**10^{51}**
Septendecillion	**10^{54}**
Octodecillion	**10^{57}**
Novemdecillion (Novendecillion)	**10^{60}**
Vigintillion	**10^{63}**
Centillion	**10^{303}**

命名规则

centillion 后面有 303 个 0，这看上去很奇怪。难道不应该是有 100 个 0 吗?

拉丁数字前缀（bi-、tri- 等）表示的并不是 0 的个数，实际上它表示的是除了表示 1000 的三个 0 之外，数字中还有几组 3 个为一组的 0。例如 million（1,000,000）表示除了 1000 的三个 0 之外，还有额外的一组三个 0；billion（1,000,000,000）表示还有额外的两组三个 0；trillion 表示还有额外的三组三个 0；centillion 表示还有额外 100 组三个 0，再加上原来 1,000 的三个 0，总共就有了 303 个 0。

还能有多大的数

还有两个著名的大数，并没有出现在由“-illion”构成的大数列表中，它们是 googol 和 googolplex。googol 的数字 1 后面跟着 100 个 0，至少我们还可以把它写出来：

**10,000,000,000,000,000,000,000,000,000,000,000,000,000,000,000,000,0
00,000,000,000,000,000,000,000,000,000,000,000,000,000,000,000,000,0
00,000,000,000,000,000,000**

googolplex 则是个无法想象的大数，即 10 的 googol 次方。它可以被写成 10^{googol}。googol 和 googolplex 是米尔顿·西罗蒂（Milton Sirotta）在他九岁时发明的，他是美国数学家爱德华·卡斯纳（Edward Kasner）的侄子。西罗蒂最初把 googolplex 描述为可以在数字 1 后面跟随任意多个 0 的大数，0 的个数可以任由你填写，直到你不愿意再写了为止。

googolplex 是如此大，以至于如果你要打印出它，你花费的时间会比整个宇宙的历史还要长，而你要消耗掉的物质也会比整个宇宙物质的总和多得多。即使你使用的是 10 号字结果的长度也会是已知宇宙距离的 5×10^{68} 倍。

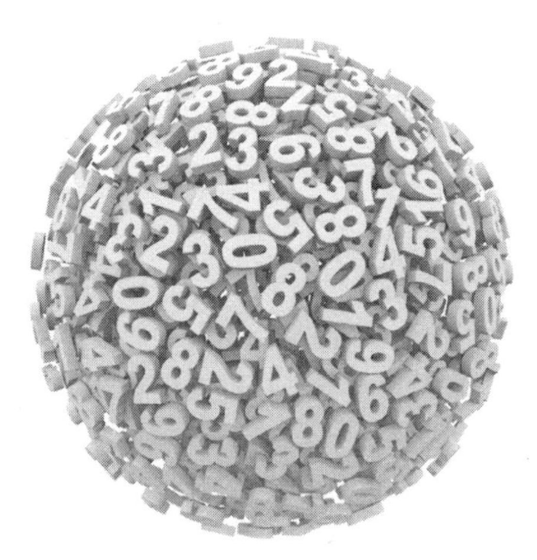

从各种方面来看，googolplex 的意义或许只是让你能够在数字 1 后面不断地堆砌零，直到你厌倦为止，这样就可以写出具有最长串零的数字，但除此之外，它并没有其他用处，至少在这个宇宙中它没有什么实际意义。

甚至连 googol 也很难有实际用途。宇宙中基本粒子（即亚原子）的数量估计有 10^{80} 或者 10^{81} 个。googol 却仍是这个数的 10,000,000,000,000,000,000 倍。可想而知，googolplex 真的是大的离谱。

好像还不够……

一些数学家还在绞尽脑汁地想要找出其他表示大数的方法，这些数大到甚至用科学记数法来表示都会让人觉得无法忍受。如果你厌倦了在 10（凭什么非得用 10）的右上角写很长很长的数字，那该怎么办呢？你可以尝试以下几种方法中的一种。

美国数学家戴大卫·克努特（David Knuth）用符号“^”来表示乘方。表达式 *n*^*m* 表示 *n* 的 *m* 次方。这种方法目前在计算机中普遍使用（比如在 Excel 中，=10^6 表示的就是 10^6）。

n^2 = n^2	3^2是 $3^2 = 3 \times 3 = 9$
n^3 = n^3	3^3是 $3^3 = 3 \times 3 \times 3 = 27$
n^4 = n^4	3^4是 $3^4 = 3 \times 3 \times 3 \times 3 = 81$

克努特还允许这一符号重复使用。例如将两个“^”连起来成为“^^”，则 *n*^^*m* 表示的就是将 *n* 连续进行 *m* 次 ^*n* 乘方运算。所以

3^3 就是 3^3=27

3^^3 就是 3^（3^3）=3^{27}=7,625,597,484,987

我们就这样轻松地进入到万亿级别了！

同样，如果将三个“^”连成一组“^^^”就会得到一个非常大的数字：

3^^^3 还可以写作 3^^4，所以它等于

3^3^3^3=3^3^{27}=$3^{7,625,597,484,987}$

数字很快就会变得越来越难读（同时也变得超乎想象的大）。尽管你永远也不会用到这些大数，但人们还是想出了很多方法来记录它们。

你可以让数字变得更大

我们可以写出越来越大的数字。例如，对格雷厄姆数进行平方计算会怎样？或者 10 的格雷厄姆数次方会是多少？看来我们永远都无法穷尽数字了。从某种意义上说，或许这也就是这些大数存在的意义吧。

历史上最大的数字

在数学问题中曾被使用过的最大的数字被称为格雷厄姆数。它是如此之大，以至于人们都找不到合理的方式来记录它。它被当作一个问题可能的解的上界，但数学家最终发现，这个问题的真正答案是“6”。这个看上去有点像是数学正转过身并且看看我们说：“嗯，好吧，不管怎样，6 也是可以的。”

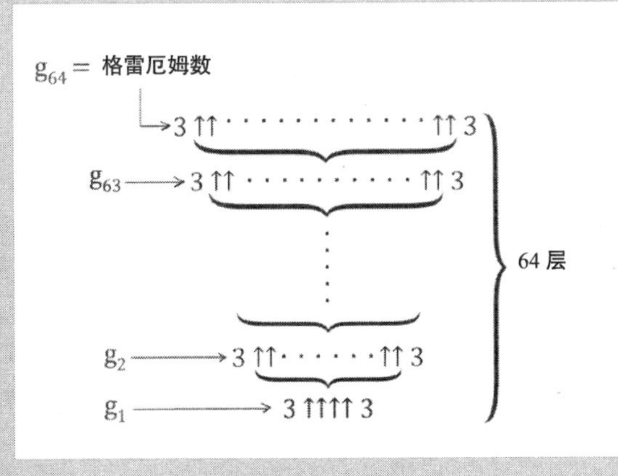

第 8 章

无穷大有什么用

如果那些超级大的数真的是没什么用处，那么无穷大岂不是更加没用了吗？

宇宙到底是有限的还是无限的呢？如果宇宙是有限的，那么它就不能包含任何无限大的东西吗？情况好像并不是这样。在我们继续讨论之前，让我们先多了解一下无穷大吧。

无穷无尽的数

如果你问别人无穷大是什么，他们可能会想到一串看不到尽头的数字，这串数字从 1 或者 0 开始，越过 1,000,000，跨过 googol 甚至 googolplex，但仍旧没有尽头。我们总可以加上 1，或者把数字中的“1”换成“9”，或者让其乘以自身……总之，我们总有办法得到一个更大的数。

没错，这样就可以越来越接近“无穷大”。但要注意的是，不仅那些从 0 开始一路增大的正数是无穷的，那些从 0 开始一路减小的负数也是无穷的。

无穷有多少种

仅有上面的两种无穷还不够，还有分数的无穷（googol 分之一等），小数的无穷（0.1、0.11 等）。当你得到 0.1111 并且意识到可以通过让 1 不断重复，将它一直无穷尽地写下去时，你就可以用同样的方法将 0.121111 无穷尽地写下去。如此种种，你会发现即使在 0 和 1 之间也仍然有太多的无穷。同理，在 1 和 2 或者 0 和−1 之间也有很多的无穷。因此，无可厚非的是无穷的种类也将是无穷的。

从 1,000 到无穷

直到 1655 年，无穷的符号“∞”才取代了“M”，在罗马数字中来代表“数千”。英国数学有约翰·沃利斯（John Wallis，1616—1703）在其论文中首次提出用这个符号表示无穷。

无穷有多大

无穷究竟有多大？这听上去很像是好奇的小孩子经常会问的问题。但当我们意识到无穷也有很多种（无穷）时，这个问题的复杂性就达到了一个新的维度。根据常识，我们可以很容易地判断出偶数的个数是全部整数的一半，而且其个数与奇数的个数相同。可是，它们的个数都是无穷的。数轴上任何两点之间的数字的个数是无穷的，同样，每一个无理数的数位也是无穷的。那么问题来了，这些“无穷”会是一样大的吗？ 1 和 2 之间的数字个数真的会与正数和负数的个数一样多吗？德国数学家格奥尔格·康托尔（Georg Cantor）给出了这个问题的答案，他分别于 1874 年和 1891 年说明了无穷也有大小。

可控的无穷

如果要我们去想象无穷的样子，我们可能会将它想象成正在向宇宙深处不断延伸。因此，当听到“无穷是可控的”这种说法时，人们多少还是会感到新奇。但如果真的让你想象一下 0 和 1 之间的无穷时，你或许还是会想到一条正向远方延伸的数轴，却永远都无法到达数轴的另一端。

一种绘制分形图案的方法或许能够帮助我们更形象地理解无穷。

分形是不断重复绘制某种图形的方法，它可以将无穷可视化。科赫雪花（koch snowflake）就是一个经典的分形图案。它从一个正三角形（三边相等的三角形）开始画起。然后，把正三角形每条边分成三等份，以各边的中间部分为底边，分别向外作正三角形，再把“底边”线段去掉，这样就得到了一个星星的形状（数学上将这个形状称为六角形）。对每一个小三角形重复上述过程，直到无穷。

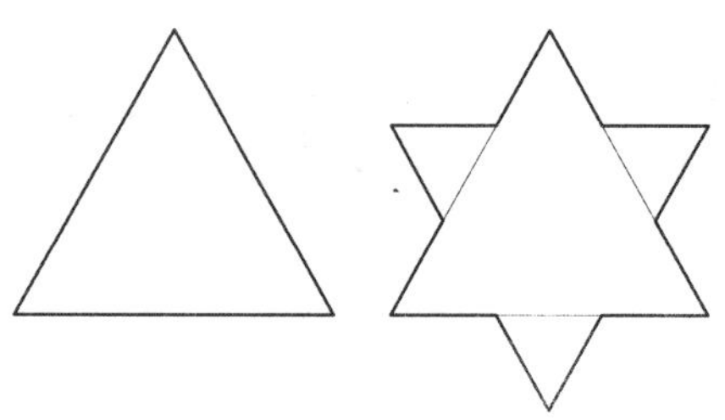

每当你完成一次上述过程并得到一组新的突起的小三角形时，整个雪花线的周长就会在原来的基础上增加 1/3。（想想看，你每次都要擦除一条边的 1/3，然后两次增加同样长的边，也就是说每增加一个新的小三角形就会在周长中去除一部分，同时又增加同样长的两个新部分，这样每次增加的长度即是原来三角形边长的 1/3。）

很明显，“雪花”的周长会越来越长，尽管新增三角形的边长会越来越短，但它们的数量却越来越多。如果最初三角形的边长为 s，经过 n 次增长过程，那么总周长（P）可由下式计算：

$$P=3S\times(4/3)^n$$

随着 n 的增加，周长将趋于无穷（因为 4/3 比 1 大，所有 $(4/3)^n$ 会变得越来越大）。

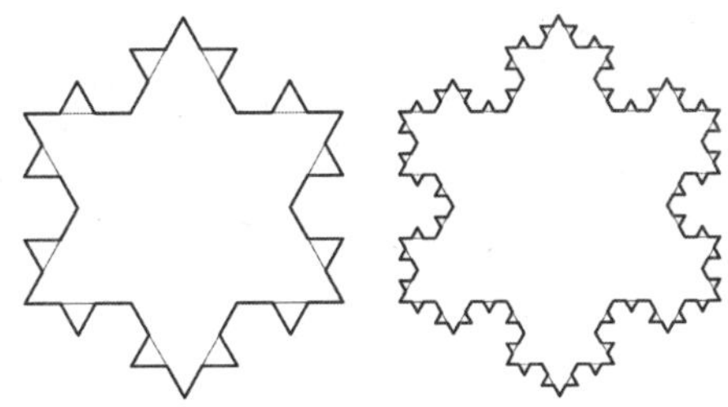

每个新三角形的面积也会增加，其面积是其父三角形面积的 1/9。这意味着如果第一个三角形的面积是 $9cm^2$，那么星形的每个小突起的面积将是 $9\div9=1cm^2$，由于总共有 3 个新的小突起，因此整个星形的面积为 $9+3=12cm^2$。在此基础上我们继续进行三角形分裂，则每个新三角形的面积为 $1\div9=1/9cm^2$，而且新增加的三角形个数为 12，则整个雪花形状的总面积为：

$$12+\left(12\times\frac{1}{9}\right)=12+1\frac{3}{9}=13\frac{1}{3}$$

学习公式

面积为 a_0 的原始三角形计算公式（如果你实在不喜欢公式，可以暂时闭上眼睛）为：

$$A_n=a_0\{1+\frac{3}{5}[1-(\frac{4}{9})^n]\}$$
$$=a_0[8-3(\frac{4}{9})^n]$$

由于 $\frac{4}{9}$ 小于 1，因此（$\frac{4}{9}$）^{n} 会变得越来越小，因此雪花的面积会趋近于一个有限值。实际上，这个有限值为原始三角形面积的 $\frac{8}{5}$。

还有很多分形图案，其中最著名的一个就是曼德布罗特（Mandelbrot）图，它由一个复杂的数列构成。

分形和近似分形在自然界中非常常见，很多结构都遵循着这样的规律，即在体积一定的情况下，表面积要达到最大。比如血管、树根的结构、肺部的肺泡分支结构，以及河流三角洲、山脉甚至闪电都呈现出了分形结构的特点。

有限的无穷

虽然从理论上讲，这些图形可以无穷尽地重复下去，但实际上这很难做到，特别是在自然界中。我们总会在某个时点到达分子规模的极限，并且无法复制。虽然这一过程可以无限地延续下去，但据我们目前所掌握的情况来看，还没有什么东西可以真正无穷尽。但不管怎样，无穷大和无穷小仍然是数学中非常有用的概念，我们将在第 26 章仔细探讨。

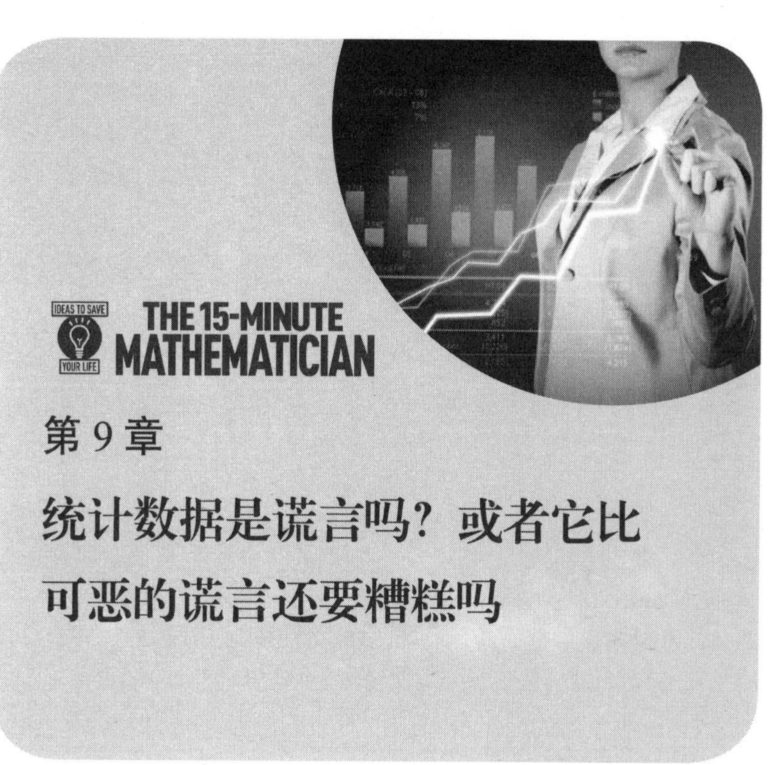

第 9 章

统计数据是谎言吗？或者它比可恶的谎言还要糟糕吗

我们本可以相信那些可靠的统计数据，但是它们的呈现方式却常常被刻意设计成用来操控人心。

媒体上充斥着统计数据，很多数据都经过了刻意设计，用来说服我们接受某种特定观点。如果我们能够了解统计数据背后真正的意义，以及如何对数字进行反馈，那么就可以避免被这些数据“绑架”。这不仅涉及数学，还涉及心理学。

如何看待统计数据

数据可以以多种方式来发布，但是我们对不同方式的反应也不同。记者、广告商或者政治家们都在用不同的方式向我们发布着数据。

找个大些的数据

同样的数值有不同的表述方式：

- 1/5
- 0.2 的可能性
- 20% 的机会
- 10 个中的 2 个

- 5 : 1 的胜率
- 50 个中的 10 个
- 每 100 个中取 20 个
- 1,000,000 中的 200,000 个

尽管如此，我们对这些表述的反应却并不相同。最后一种表述“1,000,000 中的 200,000 个”听上去会让人觉得更多一些，这是因为 200,000 读起来令人感觉它很大。而“100 个中的 20 个”，听上去也要比“10 个中的 2 个”大很多。这是因为我们认为 2 是个很小的数字。这就是比率偏差（ratio bias），相关文献都对其有记载。这会让人们倾向于认为以更大数字呈现的事件会更有可能发生。

以下的实验很好地展示了比率偏差效应。

被试面前有两只装有玻璃珠子的碗，两只碗中的珠子的具体数量如下：

- 一只碗中装有 10 个珠子，其中 9 个是白色的，1 个是红色的；
- 另一只碗中装有 100 个珠子，其中 92 个是白色的，8 个是红色的。

试需要在蒙着眼睛的情况下拿出 1 个红色的珠子。在这种情境下，他们要选择哪只碗才能提高自己拿到红色珠子的概率呢？

在这次实验中，有 53% 的人选择了那只装有 100 个珠子的碗。但这是个错误的选择，因为在第一只碗中拿到红色珠子的概率是 10%（100 次中有

10次，或者10次中有1次），而在第二只碗中拿到红色珠子的概率仅是8%（100次中有8次）。或许第二只碗中有更多红色珠子的这一事实令相当一部分被试产生了错觉，他们可能会认为在第二只碗中拿到红色珠子的概率更大。但实际上，他们完全忽略了这样一个事实，即他们拿到白色珠子的概率也更大。因此，相比较而言，从有100个珠子的碗中拿到红色珠子的概率要小于从另一只碗中拿到红色珠子的概率。一半的被试可能并不理解怎样选择才能令自己拿到红色珠子的概率更大。

更大的数据带来的冲击更强烈

人们会认为大的数字比小的数字更有意义。对此，我们进行了一项实验，要求被试根据癌症的严重程度来对健康风险进行评估。被试被分为两组，第一组被告知一年中有36,500人死于癌症，而第二组被告知每天有100人死于癌症。实验结果显示，第一组被试会认为风险更大。同样，在另一项实验中，两组被试分别被告知每10,000人中有1286人死于癌症以及每100人中有24人死于癌症，尽管第二种叙述中的风险大约是第一种叙述的两倍（24%和12.9%），但结果仍显示第一种叙述更能引起人们的警觉。

这种偏差可能会导致人们作出危险的决定。当人们被问及是否会接受某种具有一定死亡风险的治疗方案时，他们的回答经常依赖于他们得到的数据。如果之前病人的死亡率是以每100人的比率形式呈现给他们时，他们对风险的承受度会远高于将死亡率以每1000人的比率形式呈现给他们时。使用第一种方式描述死亡率时，病人能够接受的死亡风险可以达到37.1%，而采用第二种描述方式时，病人所能够接受的死亡风险只有17.6%。更大的数字（176和37）迷惑了病人，使他们没能选择风险更小的治疗方案。

不要看分数线下面的数字

当要对几个分数比较大小时，人们经常会只比较分子（就是分数线上面的数字），而忽略了分母（分数线下面的数字）。这也是人们在拿珠子的测试中更喜欢 100 选 8 而不是 10 选 1 的原因。这种完全忽略了总量的行为被称为分母忽视（denominator neglect）。

如果你是个有商业头脑的人，你很可能会将它用于展示你的优势。假设你正在筹备一场慈善募捐的晚宴，并且想要说服人们在一个游戏中为获得获胜机会而掏钱。你可以利用分母忽略或者比率偏差来引导人们去玩一个获胜概率很低的游戏。你可以通过改变叙述方式来让人们觉得获胜的概率看上去并不低。例如，不要说“10 个人中会有 1 个得奖”，而是说“每 100 个人中就会有 8 个人得奖”，这样就会吸引到更多的参与者。

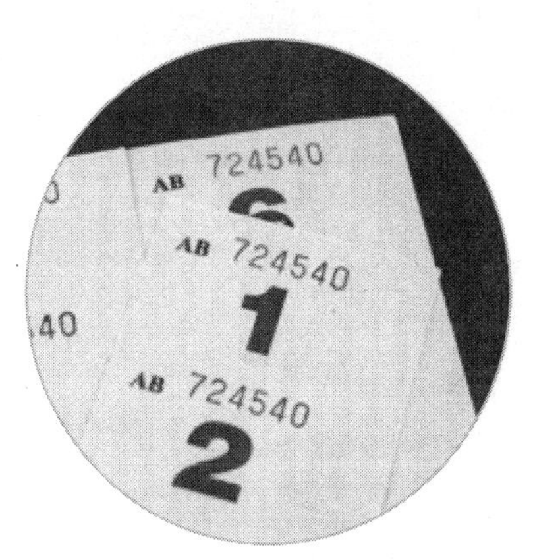

什么是统计数据没说的

除了上述方法以外，政治家、广告商和记者还会挑选合适的词语和句式来操控我们对数字的感受。我们试着对以下这些使用了数字的句子进行改写，看看它们的真正含义。

- 在这届政府执政期间，有 30% 的人口生活更加贫困。

  在这届政府执政期间，有 70% 的人口至少和上届政府执政时一样，有着较高的生活水平。

- 在 24 个月内，有 1/4 的笔记本电脑出现了故障。

  24 个月后，有 3/4 的笔记本电脑仍在正常工作。

- 每 50 位居民中就 有 30 位居民的寿命超过 70 岁。

  40% 的居民在 70 岁之前就去世了。

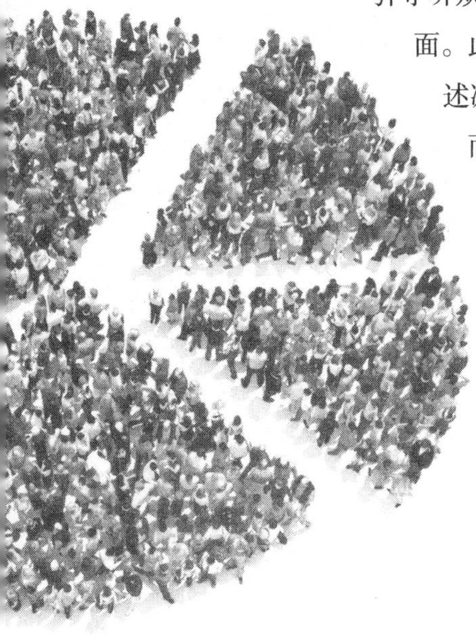

通过使用侧重方向不同的数学陈述，演讲者会引导听众去关注事物更积极或者更消极的一面。此外，他们还可以通过精心设计的表述减轻听众对故事另一面的关注度，从而进一步强化表达效果。在上例中，如果“每 50 位居民中就有 30 位居民的寿命超过 70 岁”被叙述成“60% 的居民的寿命超过 70 岁”，那么我们可能一眼就会看出还有 40% 的居民寿命没有超过 70 岁。但是第一种叙述颇为复杂，我们需要进行一些计算（先用 50 减去 30，然后再将 20 转化成百分制）才能够看到事情的真实面目。

我们在面对复杂的数字时常常会表现得很懒惰，而且我们看到的只是事物的表象。但是如果我们做一些计算，哪怕是很简单的计算，或许我们就可以避免被迷惑。

注意数据环境

另一种利用数据进行的欺骗就是凭空给出一个统计数据。数据如果脱离了环境就是没有意义的。如果我们读到这样一则报道，“一所学校有 20 名学生因为误服了药物不得不停课治疗”，这听上去很糟糕，但它却没有告知我们学校到底有多少名学生。显然，这件事对于拥有 800 名学生的学校来说，要比拥有 2000 名学生的学校严重得多。如果拥有 2000 名学生的学校有 20 名学生误服了药物，那么这就意味着 99% 的学生没有误服。这样，事件或许并不足以登上新闻头条。

“……的胜率只有百万分之一……”，媒体经常会用这样的方式来描述那些几乎不可能发生的事。严格地讲，对任何个体而言，它确实可以被理解为事情几乎是不可能发生的，但是当有很多个体同时存在时，从整体看，事情就不再是不可能发生的了。如果非洲象出生时患白化病的比例是百万分之一，那么当我们去非洲游玩，想要碰见一头患白化病的大象就几乎是不可能的。但如果蚂蚁患白化病的比例也是百万分之一，那么假如你在将几个蚁穴翻个底朝天后仍没有看到一只白蚂蚁，这件事就会让人觉得有点不可思议了。

尽量避免数据“混搭”使用

如果统计数据是采用不同方式呈现的，那么想要一眼比较出它们的大小并不容易。媒体报道中经常会出现这种“混搭”的形式，这可能是为了迷惑我们，但也可能只是记者们认为这样的“混搭”看上去更精彩。特别是当需要比较来自不同渠道的信息时，常常会发生这种情况。但是这样做很草率，记者有责任让数据看上去更清晰。例如，以下这则新闻报道读起来会令人费解：“10 个人中有两个人坚持进行足够的锻炼，因此这两个人降低了 30% 的发生心脏病的风险，还有 1/3 的人通过适度的锻炼也降低了 15% 发生心脏病的风险。”这则报道中的数据是以三种方式呈现的：10 个人中有两个、1/3 以及百分比。如果把所有的数据都转换成百分比的形式，那么数据会更加清晰：“20% 的人坚持进行足够的锻炼，因此降低了 30% 发生心脏病的风险，此外还有 33% 的人通过适度的锻炼降低了 15% 发生心脏病的风险。”这种形式上的统一也让我们可以看出还有 47% 的人是缺乏锻炼的：

100 –（20 + 33）=100 – 53 = 47

比较和对比

假设你正在网上查找有关感冒药的评论，并且要在两种药物之间作出选择。对于药物“A”，评论给出的是 3.5 颗星（总共 5 颗星）。而对于药物“B”，网上的评论说在使用该药物的人群中，有 2/3 的人反馈用药感觉良好。根据这些评论，你该作出怎样的选择呢？

为了合理地比较数据，首先你应该把它们转化成相同的形式，在这里，我们可以将它们转换成相同的分数形式或者百分数形式。

我们以分数形式为例来说明。原始数据为：

3.5/5 和 **2/3**

分母的最小公倍数是 15（两个分母相乘，5×3，得到 15）。因此，可以将它们的分母都转化为 15：

3.5/5 × 3/3=10.5/15

和

2/3 × 5/5=10/15

现在，我们就可以很容易地看出，具有 3.5 颗星评价的药物获得了更高的支持率。

第 10 章

数据有意义吗

事实和数字真的能够表现出它们想要表现的东西吗?

统计数据看上很有权威性，而且人们很容易被它们左右。它们看上去像是一种“证明”，但实际上，它们并不能证明什么。

有意义还是没意义

事实和数据来自实验、研究、调查或者其他途径。统计学家需要确定这些事实和数据是不是真的有“意义”。换句话说，他们需要确定他们是否为人们提供了有助于他们行动的有用信息，或者这些结果仅仅是偶然发生的还是在选择样本时出现了错误。通常，如果出现随机或错误结果的概率（P）低于 0.05，那么我们就可以认为这样的研究结果是有“意义”的。我们可以用下式来表示：

$$P < 0.05$$

P 代表概率。概率为 1 意味着某件事情一定会发生，例如当你阅读本书时，你一定是活着的，这件事情的概率就是 1。概率为 0 意味着某件事情一定不会发生。例如你正在看的这本书是在水中印刷的，这件事发生的概率就是 0。

概率 $P < 0.05$ 这个定义看上去有些奇怪。“零假设是成立的”这一说法有 5% 的可能性。“零假设”的意思就是没有影响。双重否定意味着只要结果相符的可能性小于 5% 时，我们就说结果在统计意义下是好的。5% 的余地也经常会被用于剔除异常样本，即那些落到概率分布主体区域之外的样本。

右图中的曲线显示了结果的常态——或者叫作正态——分布曲线（第 14 章中将会有更详细的说明）。如果结果落在中间占 95% 的主体区域中时，我们就可以认为这个结果是有效的，可以在后续过程中使用。当然，在一些研究中，我们还需要对结果是否有意义进行更加精确和严格的验证。这些研究非常重要，有时甚至会为某种科学作出定义。例如，如果要确认探测到希格斯玻色子（一种比原子更小的粒子）的概率约为 1/35,000,000，或者 $P < 2.86 \times 10^{-7}$。

没有效果还是没有意义

如果一项研究不存在“统计学意义”上的结果，这并不意味着该项研究就是无效的。所选样本规模的大小以及研究方案的合理性也同样重要。一个小范围的研究可能无法获得预期的结果。这可能是因为时间跨度过短，也可能是因为样本选择过少。这些影响在药物实验中都是必须考虑的。例如，一项药物实验如果仅仅包含了 20

个受体，那么这项实验就无法反映出仅能对 2% 的受体产生影响的实验结果。这种药物要么可能对所有受体都没有效果，要么可能只会对 20 个受体中的 1 个（或者再多几个）有效果，也就是 5%，或者再多些。

所有天鹅都是白色的吗？

很久以前，欧洲人认为所有天鹅都是白色的，原因是他们从来没有见过一只黑天鹅。样本数量巨大——基本上是欧洲所有的天鹅。但是，你只要见到一只黑天鹅就可以推翻这种理论。英国哲学家卡尔·波普（Karl Popper，1902—1994）提出，所有的理论都需要被证伪，即可以被证明是错误的，才能确认其科学性。“所有天鹅都是白色的”这一理论的确可以证伪（看见一只不是白色的天鹅），所以它可以被作为一种理论提出。但是，这一理论并不能被证明。除非我们观察了自古以来世界上所有的天鹅，否则我们就无法证明这一理论。这就是你为什么无法证明一种否定观点的原因。你没有见到一种事物并不代表着它不存在。正是由于这个原因，提出想法的反面，即这些统计学样本中的零假设，是一项重要的测试。

相关性和因果性

新闻报道总是喜欢将行为和事件联系起来，以说明其中一个是另一个的原因。例如，我们可能经常会读到类似的报道：在某次自行车比赛的事故中，一位戴了头盔的运动员的头部没有遭受到严重创伤，这表明自行车头盔保护了运动员的头部。这很可能是对的，但有时由两组数据表现出的联系可能是不存在的，也可能与背后真正的联系相去甚远。例如，报纸的销量和凶杀率在过去五年中同时下降，这是一种相关性，因为样本是相似的。然而，把这两组数据放在一起就可能会让人觉得两者之间存在着联系。难道说，买份报纸就会诱发人们罪恶的欲望吗？或许事实并不是这样。相关性并不能说明两者之间具有因果性，即购买报纸并不会引发凶杀案。

或许不是这样

以下几组数据具有相关性：

- 有机食品的销量与自闭症诊断
- Facebook 与希腊债务危机
- 从墨西哥进口柠檬的数量与美国公路的死亡率——这是一种负相关，进口柠檬的数量上升，死亡率下降

- 海盗数量的下降与全球气候变暖——这也是一种负相关，难道是海盗阻止了全球气候变暖吗？

冬季，雪橇的销量会上升，而冰淇淋的销量会下降。两者之间存在某种联系，但这种联系并不直接：它们都与冬季有关，但彼此之间却并没有联系。值得注意的是，有时统计数据的图表看上去好像暗示着两种现象之间存在着某种联系，但实际上，很有可能是其他因素在真正起作用，这种因素被称作混淆变量（confounding variable），它原本连接着这两种现象。在上述雪橇和冰淇淋的例子中，天气就是一个混淆变量。但是，混淆变量并不总是存在，有时候仅仅是一种巧合。

第 11 章

我们所在的星球到底有多大

如果你突然发现自己站在另一个星球上会怎样？你有办法知道这个星球到底有多大吗？

当然，这或许并不是你关注的首要问题，但不妨先设想一下……在无法使用脚步进行丈量时，面对如此庞然大物，你要怎样才能测量出它的大小呢?

地球是圆的还是平的

与传说不同，很少有人会认为地球是平的。既然你能够看到远方的太阳从地平线上慢慢升起，这就表明地球不可能是平的。如果站在海边望向远方，看着船只慢慢靠近，那么你会首先看到船的桅杆——船上最高的部分——跃出海平面，然后船的其他部分才逐渐映入眼帘。这只有在地球表面是弯曲的情况下才会发生。如果地球是平的，远处的物体看起来仍会很小，但是它会整个出现在你的视野中，只是其大小会随着它的靠近逐渐变大。

你甚至不用靠近海边也可以知道地球不是平的。当你站在高处时，会比你站在低处时看得更远，这也说明了地球表面是弯曲的。

地平线在哪里

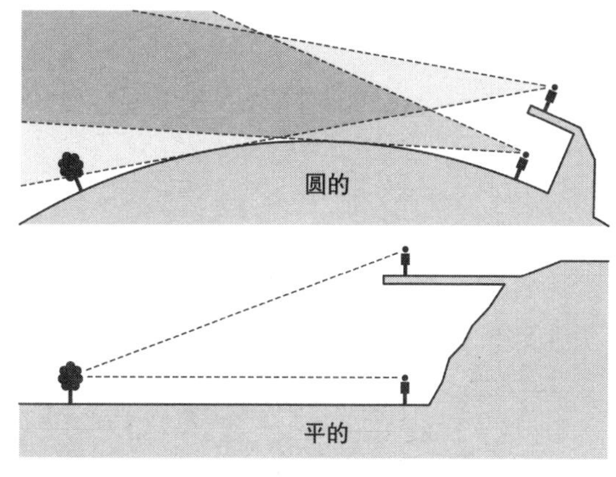

如果你站在平原上或者站在海平面处向大海的另一边望去，你所能看到的最远距离（在地球上）大约是3.2千米。这个距离是在假设你的眼睛处于“视平线”高度（也就是说，你并不是躺在地上），而你的身高大概为1.8米时得到的。这时，你能够看到远处较高物体的顶部。如果你站在山顶或者船的甲板上，你看得会比3.2千米还要远。

测量圆周的方法

在发现真正有效的测量技术之前，测量地球大小的问题一直困扰着人类。从现有资料来看，古希腊哲学家埃拉托色尼是第一个尝试计算地球周长的人。他生活在埃及的亚历山大城，公元前240年前后，他开始了计算地球周长的尝试。

埃拉托色尼知道，在亚历山大城附近的赛伊尼有一口井，如果在夏至那天的中午望向井底会看不到影子。这说明当时太阳正好位于井口正上方，可以直射井底。他也知道，那天中午，亚历山大城的井中是有影子的（这是因为亚历山大城比赛伊尼更靠北）。

埃拉托色尼意识到，如果比对亚历山大城和赛伊尼的影子的差异，他可以计算出地球的周长。夏至中午时，他测量了亚历山大城的一座高塔的高度及其影子的长度，从而计算出高塔和塔尖与阴影边缘连线之间夹角的度数是 7.2°（此时他知道赛伊尼的高塔正好没有影子）。穿过两条平行线的直线与两条平行线所夹内角相等，而且由于太阳距离地球很远，所以到达地球的太阳光束也可以被看作平行光束。

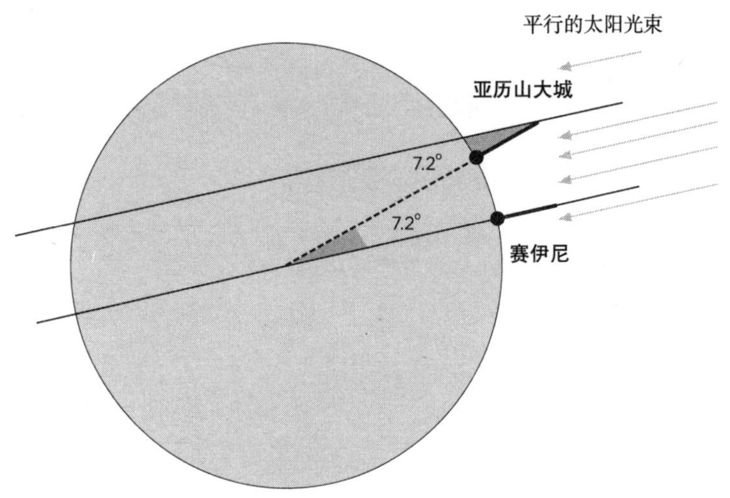

这意味着赛伊尼和亚历山大城与地球中心（假设地球是圆形的）连线间的夹角就与测量高塔影子夹角的度数相等。（注：下式中的“：”表示“比”）

圆周角：测量获得的角度

将会等于

地球的周长：赛伊尼与亚历山大城之间的距离

埃拉托色尼知道两座城市之间的距离。但遗憾的是，我们无法准确知道这个距离，据说有 5 000 个体育场的跑道加在一起那么长，但我们无法知道一个体育场的跑道有多长。

幸运的是，7.2° 表示的是一个圆周角的 1/50（360 ÷ 7.2=50），因此可以得出地球的半径为 5 000 × 50=250,000 个体育场。

埃拉托色尼计算出的数值或许与地球的实际半径只有 1% 的偏差，但如果他使用了一个不同的体育场作为标准，也说不定会让数值超出真实值 16%。即便如此，他的方法还是非常有意义的。根据他计算出的角度以及两座城市间的实际距离 800 千米，我们就可以计算出地球的周长为：

50 × 800 千米 =40,000 千米

地球的实际周长约为 40,075 千米。

计算星球大小的方法

如果你被困在了另一个星球上，你有两种方法来测量这个星球的大小。

为了使用埃拉托色尼的方法，你需要首先找到一个在中午时分能够被阳光直射而没有影子的地方，而且你还要在可测量距离的范围内找到一个可以被中午阳光投射出影子的地方。然后，你就可以按照埃拉托色尼的方法来测量影子夹角的度数了。当然你可能很难找到量角器，因此这种方法并不容易使用。

另一种方法是测量出你到地平线的距离。为了使用这个方法，你需要测量出或者用步数来算出一个物体从它离开你到它从你的视野中消失时的距离。这个距离就是你到地平线的距离。

以下这个等式可以帮助你算出在不同的高度，你可以看到多远：

$$d^2=(r+h)^2-r^2$$

其中，d 是你所能看到的距离，r 是地球半径，h 是你眼睛离地面的距离（所有距离的单位都相同）。这就用到了毕达哥拉斯定理，

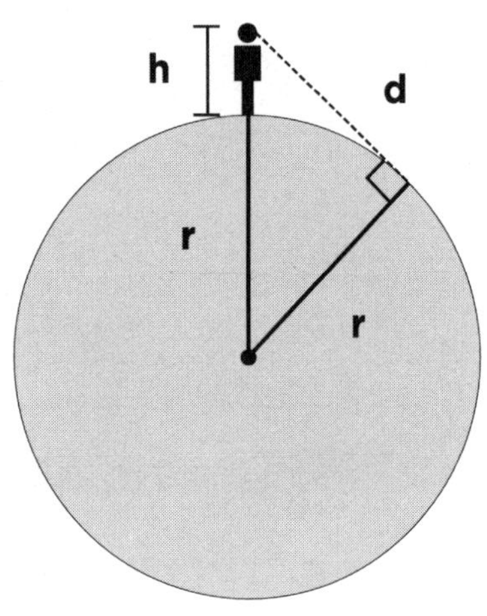

即直角三角形的斜边平方等于其余两直角边的平方之和。

你可以利用这个等式去计算 r（星球的半径）的值。

将上式展开得：

$$d^2=(r+h)^2-r^2=r^2+2hr+h^2-r^2=2hr+h^2$$

所以如果你最远可以看到 10 千米之外的东西，而你眼睛距地面的高度为 1.5 米（也就是 0.0015 千米），那么：

$$10^2=2\times0.0015r+1.5^2$$

$$100=0.003r+2.25$$

$$100-2.25=0.003r$$

$$97.75=0.003r$$

$$3\ 258=r$$

在得到半径 r 之后，你可以运用公式 $2\pi r$ 来求出这个星球周长：

$$2\times\pi\times3\ 258=20,473\ 千米$$

所以，你根本不必绕这个星球走一圈！

第 12 章

直线有多直

A、*B* 两点之间线段最短，但是这条线一定是直线吗？

显而易见，如果星球的表面是平的，那么两点之间最短的路径就是连接两点的一条直线。这可以用数学证明，但是会用到微积分（详见第 26 章）。整个证明过程过于冗长，因此本书中并没有提及。

线，或长或短

假设你正要从 A 点去往 B 点。当你查阅地图时，你很可能发现路线是蜿蜒曲折的。

为了让曲折的路线更短一些，你可以将曲线拉直。当把曲线拉到最直的时候，我们就会得到一条直线。

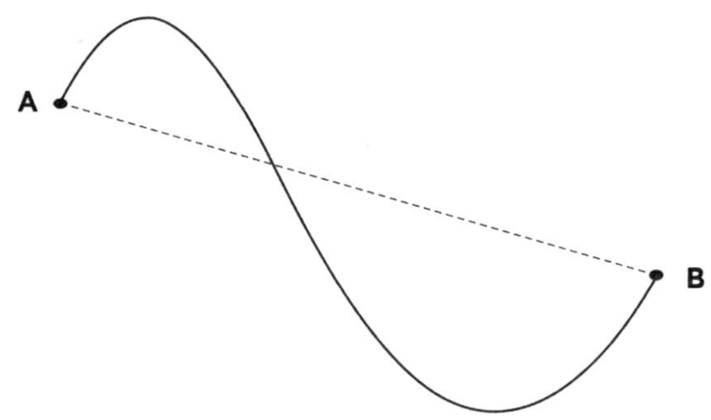

我们也可以不用曲线拉直的方法来说明两点间直线最短。换一种思路，我们可以把一条直线看作直角三角形的一条斜边，实际上以 *AB* 为斜边的直角三角形有无限多。

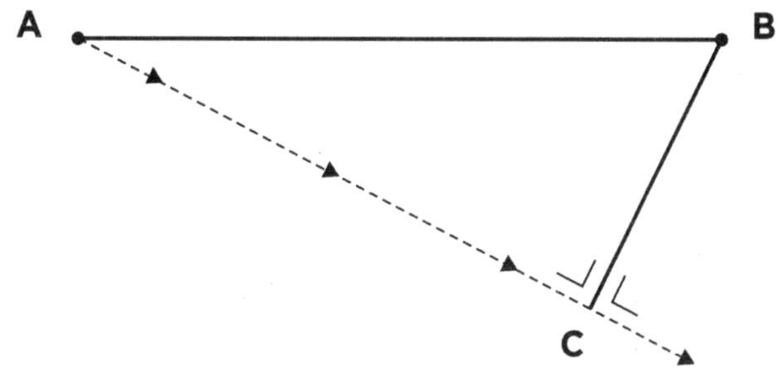

但无论我们画出哪一个三角形，另外两边的边长总和，即 *AC*+*CB*，总是大于斜边 *AB*。

到目前为止，这种方法还挺有用，但问题是我们并不是生活在一个扁平的地球上。

球面上的直线

欧几里得确定了几何的基础。就像我们所看到的那样，欧几里得几何的应用已经很广泛了，例如当你修建池塘时，你可以用它计算出需要挖走的土石方的总量，或者用它来确定装修屋子时需要铺设地毯的面积。然而，问题是，我们生活的地球是一个近似球形的星体。在这样一个近似球形的星球上，直线不再是你想象中的样子。我们需要使用一些非欧几里得几何。

欧几里得第五公设说的是平行线永远不相交。换种说法就是，有一条直线与另两条直线相交，如果在同一侧形成的两个内角之和小于两直角之和，那么这两条直线在不断延伸后终会相交。反之，如果相交线与两条直线都垂直（交角都是直角），那么这两条直线平行：

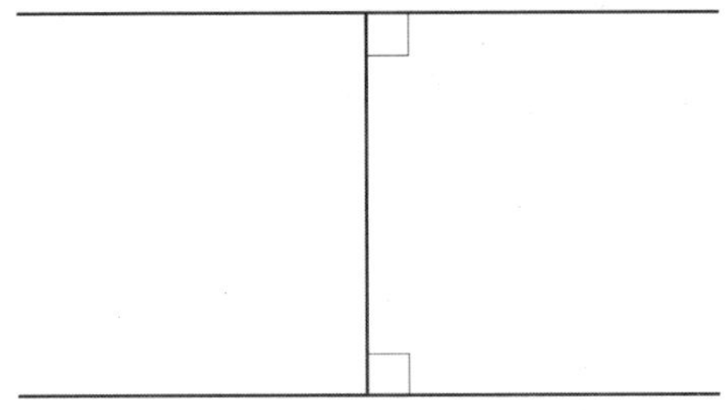

这条公设在平面上是成立的，但是在曲面上就不成立了。

曲面有两种——一种是凹曲面，就像凹进去的碗底；一种是凸曲面，就像地球仪的表面。因此，也就有两种曲面几何，分别是双曲几何（hyperbolic geometry）和椭圆几何（elliptical geometry）。

现在，我们可以画出两条不平行的直线，这两条直线虽然不平行，但是却可以有公共的垂线。在双曲曲面，直线在两个方向上会逐渐翘起，两条线之间的距离也逐渐增大。而在椭圆曲面，两条直线会逐渐聚拢，最终将分别在两个方向上相交。

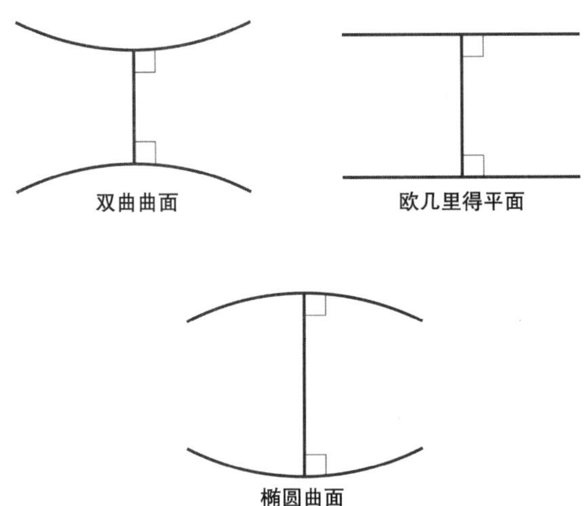

不走弯路

我们习惯性地认为直线距离最短，就像不走弯路一样。我们可以在地图上画出一条直线。

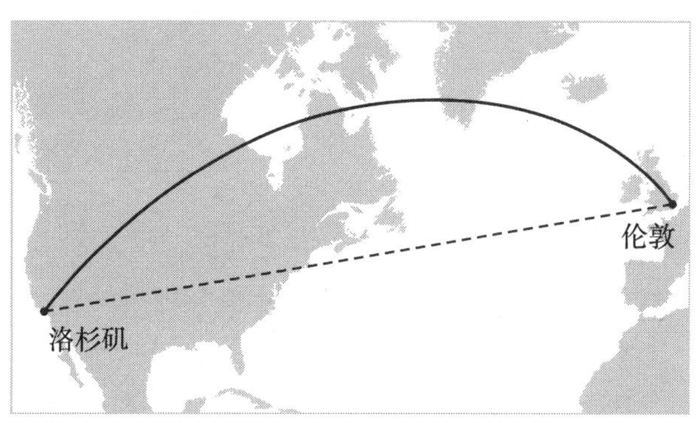

假设有一只（精力充沛的）乌鸦正打算从伦敦飞到洛杉矶，它会看一眼地图，然后在两座城市之间画出一条直线，并以此作为计划路线。但如果它真的按照这条路线飞行，那么它可能会比按照图中那条曲线的路径飞行花费更长的时间。尽管曲线看上去要比直线长，但实际距离却比那条直线短。为什么会这样呢？别忘了，我们的地球可是个椭球形的球体啊。

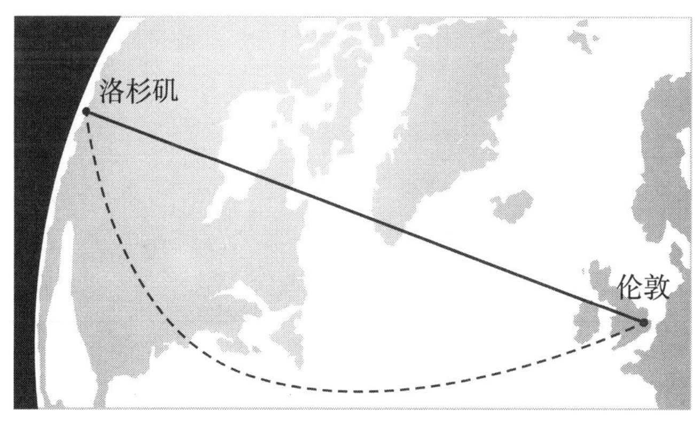

在球体上，两点之间的最短线落在大地线（geodesic）上。大地线是以球体的球心为圆心，绕球体表面一周所形成的圆形线。很明显，这些圆的半径与球体半径相同。因此，大地线也被称作“大圆”。我们可以在一个球体表面画出无数个大圆。

地球上所有的经度线都是大圆，除了赤道上的纬度线之外，其他的纬度线都不是大圆。因为它们围成的圆的半径要小于地球的半径，因此在地球上，除赤道外，其他地方的纬度线围成的圆形周长都要小于大圆。

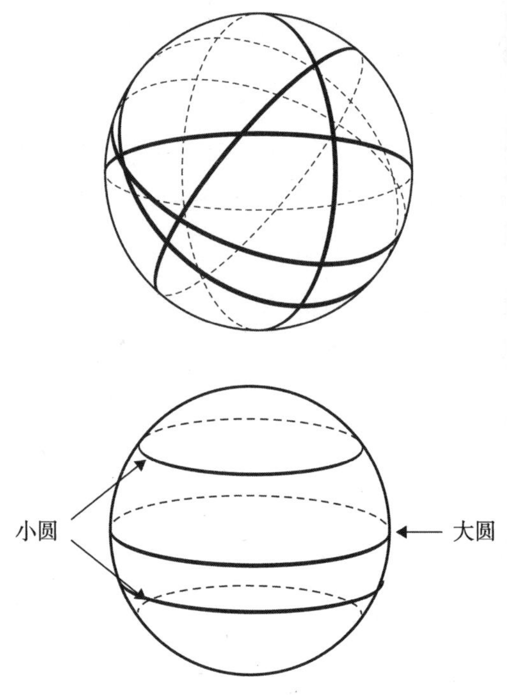

最快到达目的地的路径不一定是直线

当我们把画在平面地图上的直线放到地球上进行观察的时候，我们会发现那些看上去最短的直线都是小圆。这是因为地图实际上是椭球面在平面上的投影。这种投影实际上无法真正反映出真实世界的地理面貌，也就是说，我们不可能将原本椭球形的表面一点不扭曲地画在一个平面上。这也是鸟儿或者飞机如果沿着地图上的直线路径飞行反而路程更长的原因。我们最熟悉的地图投影方式就是墨卡托投影。

这种投影在越靠近两极的地方扭曲会越大。在地图上，格陵兰岛的面积看上去就要比实际大很多，而南极洲的面积看上去与所有

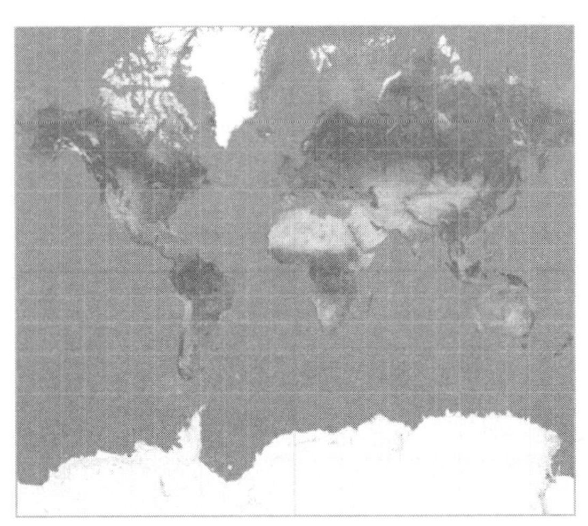

温暖陆地加在一起的面积差不多，但实际上，它只不过是澳大利亚面积的 1.5 倍还要小一些。

如果使用高尔-彼得斯投影（Gall-Peters projection），那么地图将会变成下图的样子，从图上可以看出，同一块区域在不同的投影方式下，形状会完全不同。现在格陵兰岛变得非常小，而非洲却变得非常大。这种投影方式在北美不常使用，因为它会让北美洲看上去比南美洲、非洲和澳大利亚小。

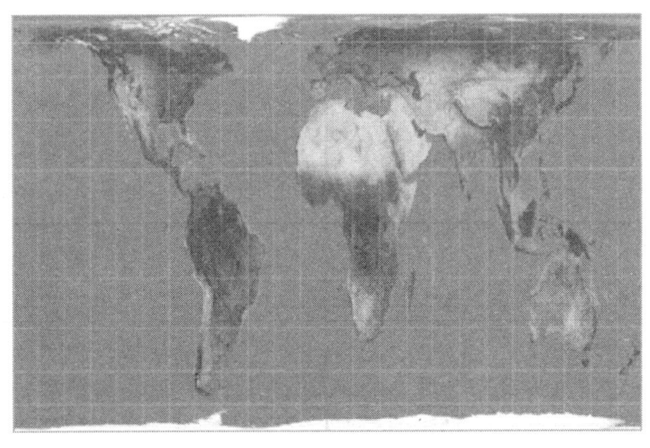

扭曲的投影适用于平面地图，并且将大圆转换成了平行线。这会让一条直线飞行路径看起来像是一条抛物线。

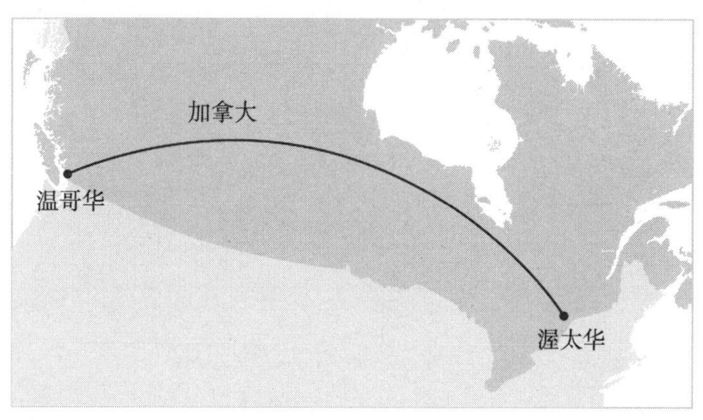

格陵兰岛有多大?

在使用墨卡托投影的地图上，格陵兰岛看上去与非洲的大小差不多，而南极洲看上去好像比处于温暖地区的国家加在一起还要大。但实际上，格陵兰岛大概只有非洲的1/14那么大。

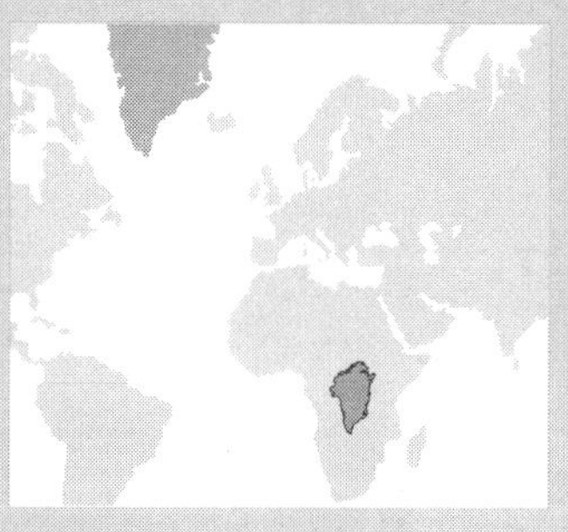

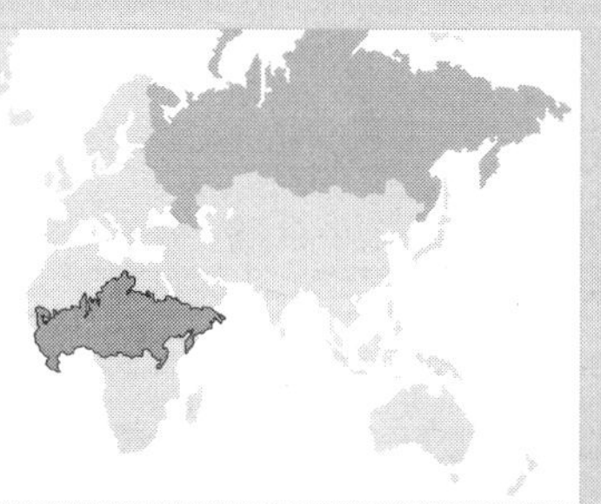

同样，俄罗斯看上去也非常大，但实际上它比非洲还要小一些。

距离短并不总是意味着更快或者更好。飞机并不总是选择最直接的大圆作为飞行路线，因为风和空中交通管控都可能会影响飞行路线的选择。我们生活在一个真实的世界，而不是纯净的数学天堂，因此还要考虑很多其他因素，比如重力、天气、航空管制，甚至是某些组织的地对空武器。

复杂因素的增多并不会使数学完全失效，但却会让数学面临更大的挑战。17 世纪，约翰·伯努力（Johann Bernoulli）提出了这样一个问题：假设有一根金属线，上面有一颗珠子，那么要将金属线弯成什么形状才能够让珠子以最短的时间从金属线的一头滑落至另一头呢？（金属线的长度在所有情况下都保持不变）

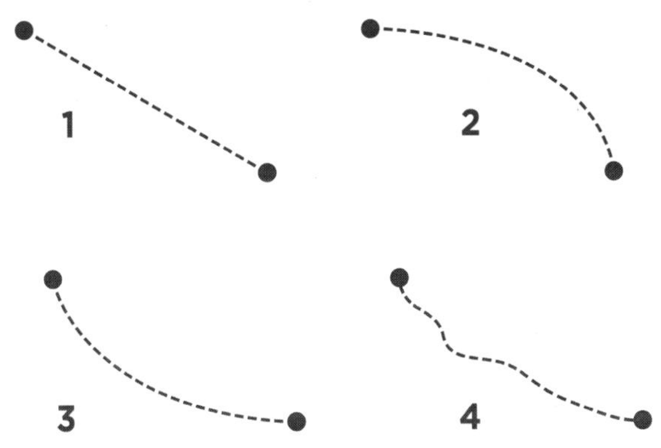

很多声名显赫的数学家，包括牛顿、惠更斯（Huygens）和莱布尼茨（Leibniz）都曾尝试回答过这个问题。伽利略的猜测并不准确。第一个给出正确答案的人是牛顿，他的方法得益于微积分。

正确答案是上图中的第 3 条曲线：向下延伸的陡峭曲线能够让珠子获得速度，并快速地通过水平的距离。在相同的时间里，按照这条轨迹滑动的珠子会比沿直线轨迹滑动得更远。此结果也再一次说明，最快的路径未必一定就是直线。

在风中飞行

尽管风不会影响距离，但是逆风飞行却要比顺风飞行困难得多。逆风飞行不仅会消耗更多的燃料，同时也会增加飞行的时间。此外，地形也会影响飞行的高度。在飞行过程中，飞机需要根据情况抬升高度或是下降，也就是说，整个航程不仅要考虑水平移动的距离，还要考虑在垂直方向上的移动距离。飞机在飞跃高山时需要攀升的高度要比跨越海洋时高得多，而每次攀升都会耗费大量的燃料。因此，有时选择那些距离稍远，但只需经过低洼陆地或海洋的路径要比选择那些距离较短，但要飞越高山的路径更具经济上的优势。

第 13 章

你喜欢壁纸吗

如果你曾看过壁纸的宣传图册，你一定会为图案种类是如此丰富而感到惊奇。

在数学家眼中，所谓的“壁纸群”（wallpaper group）只有 17 种基本的排列方式。

让我们看一遍，再看一遍

实际上，数学家们关心的并不是壁纸本身，他们真正关心的是等距变换，它是可以让壁纸呈现出丰富样式的原因。1891 年，俄国数学家、地质学家、结晶学家埃格洛夫·菲德罗夫（Evgraf Fedorov）证明了在壁纸群中，其实只有 17 种基本的排列方式。所有图案实际上都是对“单元格”进行反复的等距变换的结果。“单元格”是特定的形状，通常是矩形（有时是正方形）或是六边形。

什么是等距

人们通常不喜欢让壁纸上的图案看上去是扭曲的，或者有时大有时小，这样的壁纸可能会让人不舒服。相反，即使复制的图案是通过旋转或镜像翻转的方式得到的，可是这些图案的大小始终没变，看上去就会比较舒服。在数学上，这被称为等距，即图像改变前后，图像上任意两点之间的距离必须保持不变。举个例子可能会让人更容易理解，比如右面的这只海马。

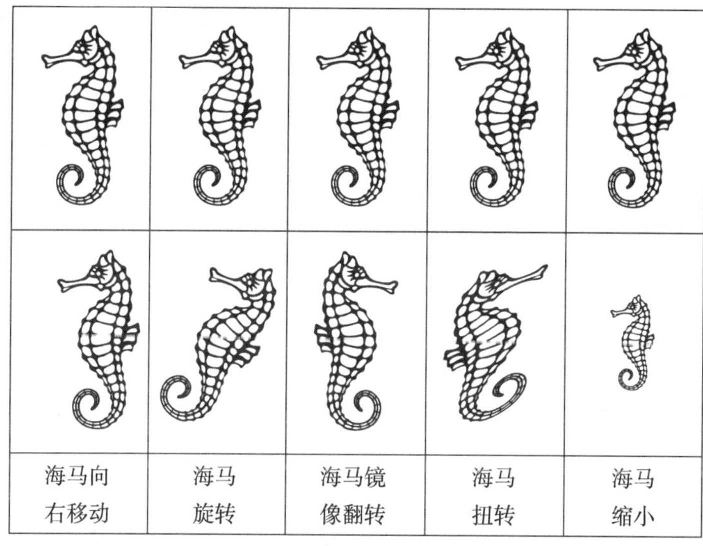

前三种都是等距变换。因为在变换前后，海马图案上任意两点之间的距离并没有发生变化。第四和第五种是非等距变换，也就是说，扭转和缩小都改变了原图中两点之间的距离。

在二维空间中有四种类型的等距变换：

- **平移**（将图像整体向左、向右、向上、向下移动）；

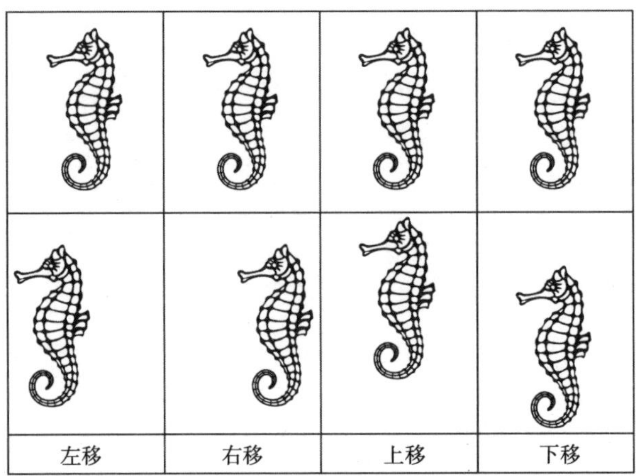

- **旋转**（顺时针或者逆时针旋转图像）；

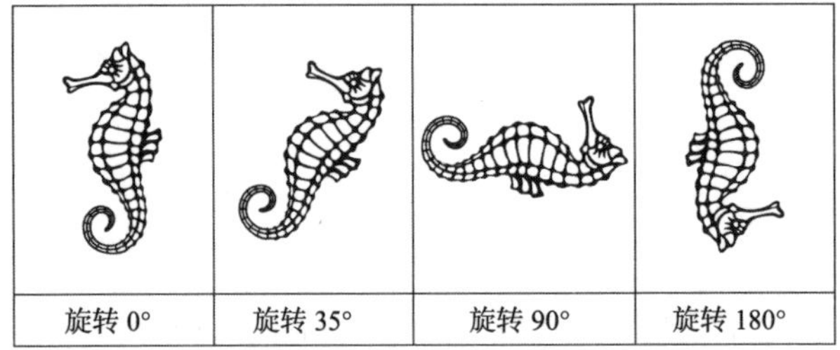

- **反射**（以空间任意方向的直线为对称轴进行镜像翻转）；

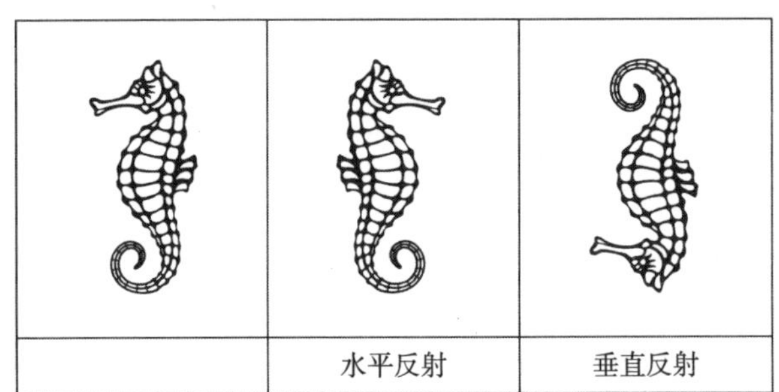

- **滑动反射**（同时进行反射和平移）。

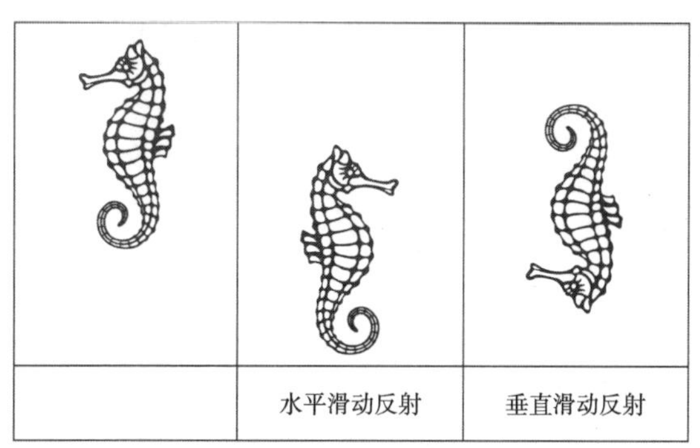

数学家们使用了一些古怪的名字来为这 17 种排列方式命名，这些名字与你在商品图册中看到的那些吸引人的名字相去甚远。它们由代码构成，而这些代码用来解释这些排列方式是如何形成的。

- p1（如下图所示）是最简单的形式，图形只在一个方向上移动。单元格形状可以是任意平行四边形（包括矩形和正方形）。

- p2（如下图所示）与 p1 类似，只不过将单元格中的图案在没有做其他改变的情况下上下颠倒了一下。

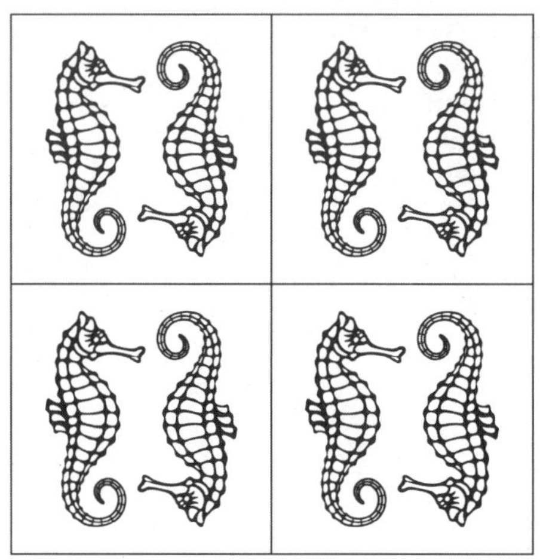

- pm（如下图所示）沿着某个轴作镜像反射，这意味着图案会沿某个轴呈现出镜像对称排布。单元格必须是矩形或者正方形。

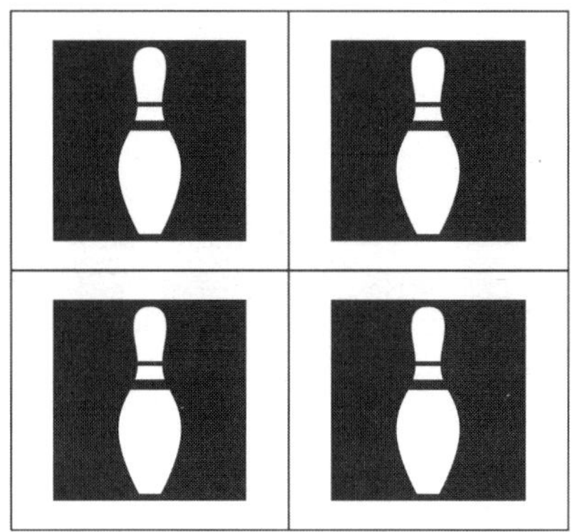

- pg（如下图所示）利用滑动反射实现图案的排列，即反射和平移同时进行。

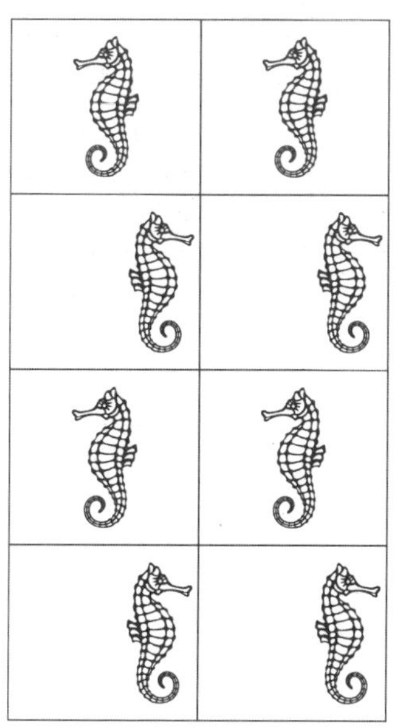

- cm（如下图所示）将滑动平移和镜像反射结合使用。单元格必须是边长相等的平行四边形。

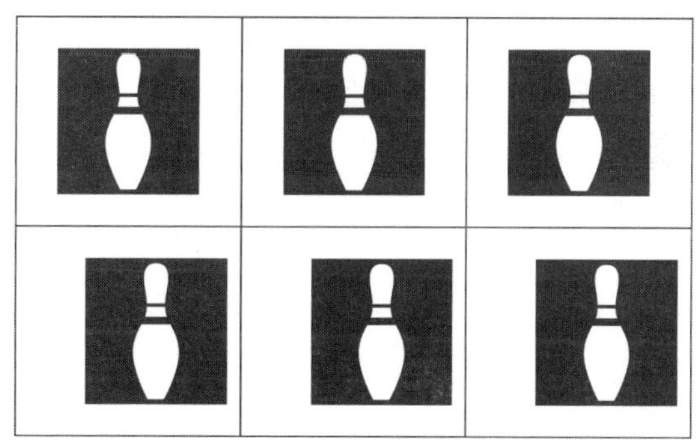

当把平移、旋转和反射等多种变换结合起来在不同方向上使用时，图案会变得越来越复杂。有趣的是，我们可以在古代的艺术作品中找到这些图案，比如埃及木乃伊棺木上的绘画、阿拉伯的瓷砖

和马赛克、叙利亚的青铜制品、土耳其的陶器、塔希提岛的织物以及中国和波斯出产的瓷器等。以下就是一些例子。

夏威夷织物　埃及神庙的天花板　中国瓷器

波斯釉砖　中国瓷器图案　尼姆鲁德的铜器

壁纸周围的饰带是如何排布的

壁纸群重复排布图案可以按两个方向进行，一个是沿着墙壁的走向，就像我们经常见到的那样，另一个是直上直下，即从地板到天花板。另一种群被称为“饰带群”（frieze group），它只能在一个方向上排布图案，所以它可以沿着墙壁形成一条饰带。

在早期的艺术作品甚至是史前的装饰图案中，人们找到了以下七种排列方式的例子：

p1	水平平移	
p1m1	平移，水平镜像	
p11m	平移，水平镜像，竖直镜像	
p11g	平移，滑动反射	
p2	平移，180° 旋转	
p2mg	平移，180° 旋转，水平镜像，滑动反射	
p2mm	平移，180° 旋转，水平镜像，垂直镜像，滑动反射	

镶嵌

壁纸群还可以以单元格的形状镶嵌在一起，也就是说，重复把单元格贴在平面上，中间不留空隙。

镶嵌也是一种排列图案的方式，但是与壁纸不同，镶嵌排列的是单元格，而不是画在单元格上的图案。

同样，在古代的艺术作品中，我们也经常会看到镶嵌的例子。最简单的镶嵌方法就是重复使用同一种形状。这种方法叫作规则镶嵌。规则镶嵌有以下三种基本的类型：

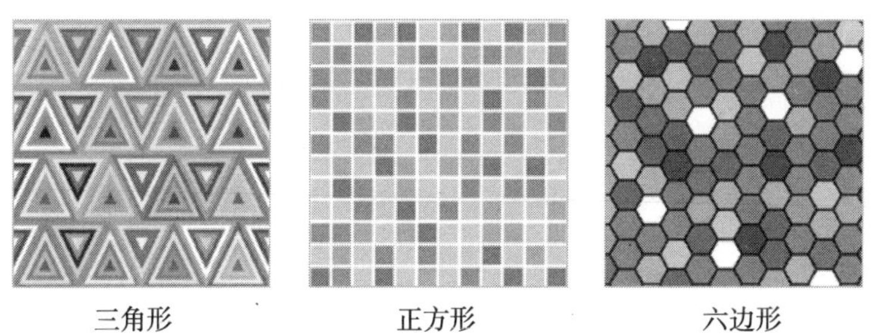

三角形　　正方形　　六边形

在每一个顶点（角）上，排列方式都是相同的。

因此，镶嵌可以用顶点处的每个多边形的边数来描述。

在六边形镶嵌中，每一个顶点有三个六边形邻接，而每个六边形有六条边，所以这种镶嵌可以记作 6.6.6。

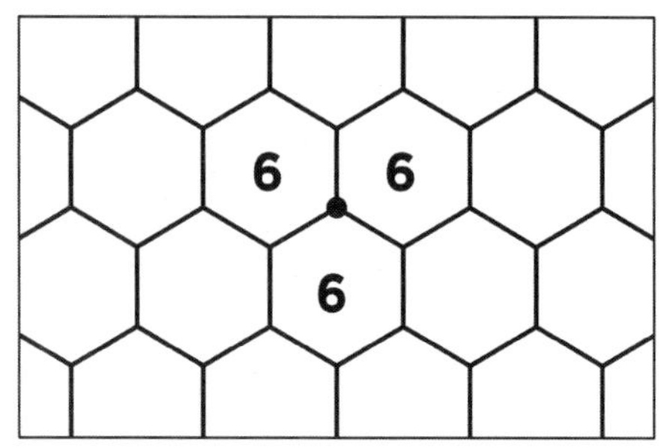

半规则镶嵌指的是将两种或者两种以上的形状镶嵌在一起。半规则镶嵌有八种形式，如下图所示。

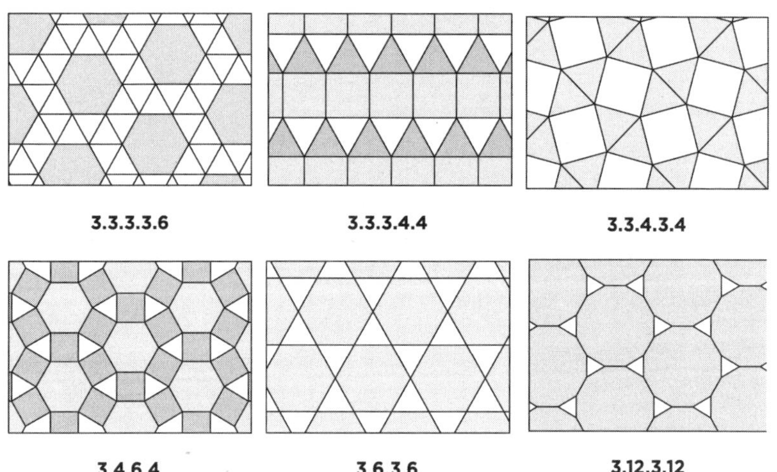

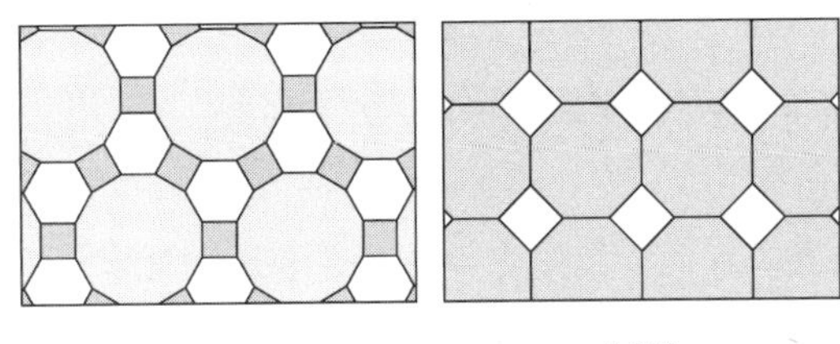

4.6.12　　　　4.8.8

尽管可能会旋转，但是每个顶点处的图案还是一样的。

不规则镶嵌时，每个顶点处的图案并不相同，因此不能够使用相同的方式来描述它们。但是，不规则镶嵌仍要求整个镶嵌表面不能存在空隙，也不能相互重叠。以下这个不规则镶嵌的例子出现在西班牙的阿尔汉布拉宫。

> （数学家们）打开了一个通往广阔世界的大门，但他们自己却并不想进入这个世界。出于本性，他们更关心的是打开大门的方法，而不是隐藏在门背后的那座花园。
>
> ——M. C. 埃舍尔

如果你技艺精湛，你完全可以用这些镶嵌图案去装饰你家的浴室。荷兰艺术家 M. C. 埃舍尔（M.C.Escher，1898—1972）使用弯曲的形状构造出了兼具冲击力和艺术性的镶嵌图案。虽然整幅图案完全被填满，但还是激发了人们的想象力，有时多少会让人觉得有些恐怖。

第 14 章

什么是正常

刚出生的婴儿有多重？一条南美巨蟒有多长？人们多长时间逛一次超市？

本章开篇提出的那些问题的答案是：情况不同，答案也不同。尽管对于每个孩子、每条巨蟒或者每个超市购物者来说，上述问题的答案都会有所差别，但我们还是希望能够有个范围能够使所有个体落入其中。人类的婴儿不可能只有 3 毫微克，当然也绝不可能会有 5 吨重。南美巨蟒不可能有 40 千米长。人们也不可能每分钟去一次超市，更不可能一千年才去一次。

婴儿体重的平均值

在婴儿出生之前，父母会根据其他婴儿的体重来预估自己孩子出生时的体重。而在婴儿出生之后，父母会测量孩子的实际体重，还会与其他孩子的体重进行比较。

事先知道一些关于婴儿平均体重的知识对父母（可以事先为婴儿选择大小合适的衣服）和医护人员（能够判断婴儿的健康状况）来说都非常有用。而在婴儿出生之后，了解婴儿在不同阶段身体指标的平均值对医护人员来说就更加重要了，因为这些平均值能够帮助他们回答诸如这样的问题：婴儿目前是否健康？

右侧表格记录了一些新生婴儿的体重。

虽然数据已经按照大小顺序进行了排列，但人们仍很难记住表格中的所有数据。不过，如果用一个平均值来分析数据就容易多了。

婴儿	体重（单位：公斤）
1	2.3
2	2.3
3	2.9
4	3.0
5	3.2
6	3.3
7	3.4
8	3.5
9	3.7
10	3.8

均值

我们能够算出的均值有以下三种。

算术平均值：这是大多数人对均值的第一反应。把所有的值相加再除以数值的个数就得到了算术平均值：

2.3+2.3+2.9+3.0+3.2+3.3+3.4+3.5+3.7+3.8 = 31.4

31.4 ÷ 10=3.14 公斤

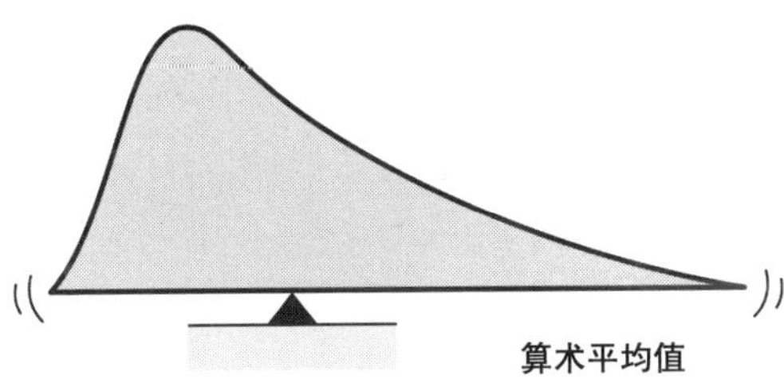

中值：位于整个数列的中间，也就是说如果将数据分成数量相等的两部分，一部分数据将大于该值，而另一部分数据将小于该值。可以将数据按大小顺序排成一列，然后选择位于整个数列最中间的两个数据，那么中值就是这两个数据的算术平均值。在上例的表格中，中值就是 3.2 公斤和 3.3 公斤的平均值，即 3.25 公斤。

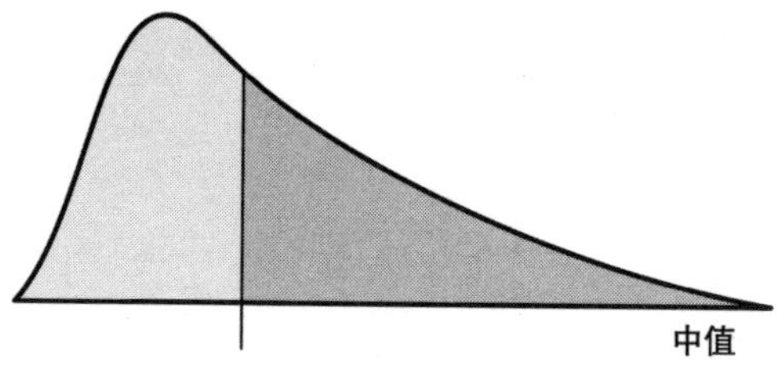

众数：数据中最经常出现的那个数。在上例中，体重是 2.3 公斤的婴儿有两名，而其他体重的婴儿各有一名。因此，2.3 公斤就是这组数据的众数。

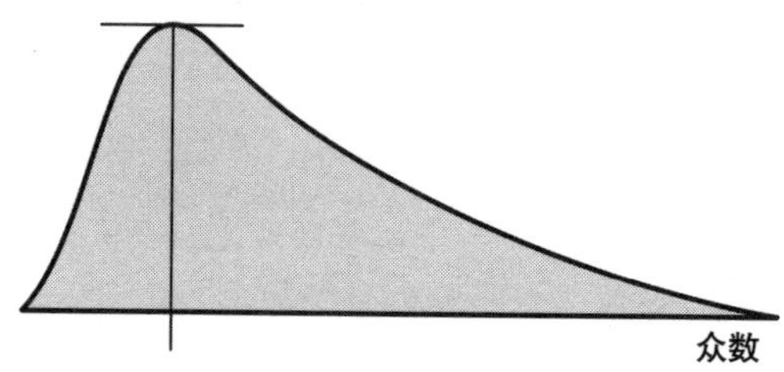

如果数据集非常小，就像上例图表中给出的婴儿体重，众数就可能会令人们产生误解。在上例中，如果根据众数来判断，我们可能会希望一名婴儿的体重会是 2.3 公斤，但实际上这个数值比大多数新生婴儿的体重低得多。对所有统计数据而言，通常数据集越大，我们以其为基础进行分析所得出的结论就越可信。而如果数据集较小，使用中值和算术平均值则要比众数更加可靠和有用。实际上，我们经常找不到众数，因为在有些数据集中，每个数据只会出现一次。

正态分布

通过图表，我们更容易一次性地观察大量的数据。如果我们将大量新生婴儿的体重数据绘制成曲线，以体重作为 x 轴（横轴），以具有某个体重的婴儿数量作为 y 轴（纵轴），那么整个曲线会与右图差不多。由于曲线的形状像一口钟，因此有时我们也将这样的曲线叫作钟形曲线。

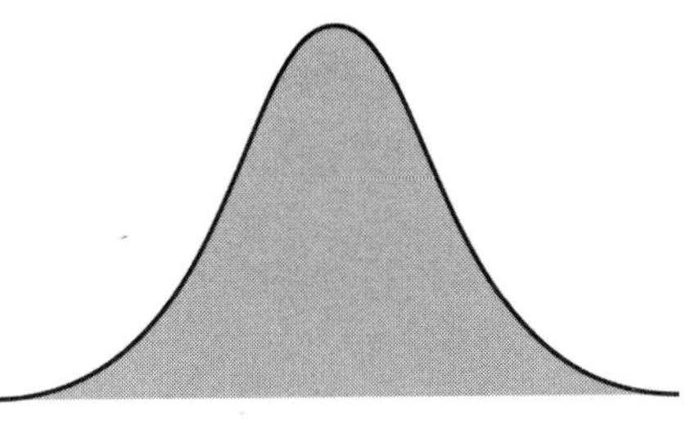

在曲线的两端，体重非常小和体重非常大的婴儿的数量都非常少。大部分婴儿的体重都落在了曲线中间的某个位置上。

偏离常态

曲线哪些位置上的数据可以被称作“正常”呢？很明显，不应该只有那些正好落在中间位置上的数据才可以被称作“正常”。为了真正发挥曲线的作用，我们需要为曲线添加更多信息。其中最重要的信息就是标准差，通常用希腊字母 σ 来表示。我们用它来衡量数据集中的样本距离算术平均值有多远，用平均数或者标准差来表示。它的计算公式如下所示，这个公式看上去有些吓人，但实际上却非常容易使用。

$$\sigma = \sqrt{\frac{1}{N}\sum_{i=1}^{N}(x_i - \mu)^2}$$

计算步骤如下，首先从内部的小括号开始算起。

- 从每一个数值中减去算术平均值：$Xi-\mu$
- 对每一个数据差值求平方：$(Xi-\mu)^2$
- 对所有数据差值的平方求和：$\Sigma(Xi-\mu)^2$

- 除以数值的总个数——我们把这个结果叫作方差：即$\frac{1}{n}\Sigma(Xi-\mu)^2$
- 求出方差的平方根：σ，即标准差。

之所以要先平方再开方是为了防止负值（有些数据会小于平均值）会抵消正值的影响。在上例婴儿体重的列表中，数据的标准差为 0.5 公斤。

先算哪个？

如果计算有好几个步骤，那么要如何确定运算的顺序呢？我们可以用 BODMAS 口诀来帮助我们记忆运算的顺序。

B（Brackets）——算括号内的

O（Orders）——算具有高阶运算的项，比如乘方或者开平方根

D（Division）——计算除法，如果有多个除法，可以按从左到右的顺序依次计算

M（Multiplications）——算乘法，如有多个，也可按从左到右的顺序计算

A（Additions）——算加法，同样，如有多个，也可遵循从左到右的顺序进行

S（Subtractions）——算减法，如有多个，依旧按从左到右顺序计算即可

整体或采样

假设我们已经获知了全部婴儿的体重数据，运用上面的公式便可得到标准差。然而，通常我们只会掌握部分采样数据，如果想要

大体了解新生儿体重标准差，就需要对上述公式进行微调，将除数N变为N−1，这样标准差会变得稍微大一些。在我们的例子中，标准差会变为0.52公斤。这个结果可能更接近真实的标准差。因为，除非你恰好使用了所有数据中的最大值和最小值，否则当我们使用数量更多的数据时，结果不可避免地会比我们只使用数量较少的采样数据产生更大的变动。

婴儿	体重（单位：公斤）
1	2.3
2	2.3
3	2.9
4	3.0
5	3.2
6	3.3
7	3.4
8	3.5
9	3.7
10	3.8

再看右侧这张婴儿体重表。我们发现只有1、2、9和10号婴儿的体重比平均值3.14公斤超过了一个标准差的重量（0.52公斤）。所以，人们可以据此预测出他们即将出生的孩子的体重可能会在2.6 ~ 3.7公斤之间。

百分位数

当需要研究的数据集包含很多数据时，我们会从中获得更多的信息。百分位数表示的是数据集中低于某个指定水平的数据在全部数据中所占的百分比。当百分位数为50的时候，表示指定的水平值处于整个数据集的中间，也就是说，有50%的数据比它大，50%的数据比它小。当百分位数为90时，则表示在数据集中有90%的数据要小于给定的水平值，而只有10%的数据大于该水平值。同样，当百分位数为2时，表示只有2%的数据小于给定水平值，而另外98%的数据都要比该值大。

百分位数图经常被用来展示儿童在成长过程中身高的变化趋势。

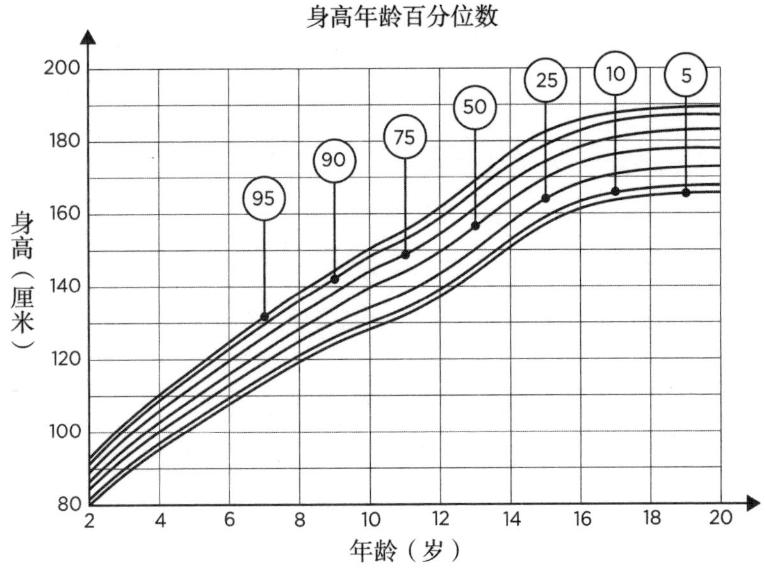

上图并不是说孩子的身高不会比百分位数为 95 的水平值更高，也不是说没有孩子的身高会比百分位数为 5 的水平值更低，它只是说，身高处于这两个水平区间之外的孩子数量不会太多，即 90% 的孩子身高都会落在图中最上和最下那两条曲线所划定的区域中。身高过高或者过矮的孩子可能会引起家长更多的关注，但这并不一定意味着他们有问题。

正态曲线

如果把百分位数的思想和钟形正态曲线结合起来，我们就可以得到一种划分正态曲线的方法：在平均值两侧分别以一个、两个和三个标准差的距离为间隔来划分曲线，如下图所示。这条曲线可以描述现实生活中的多种情况。

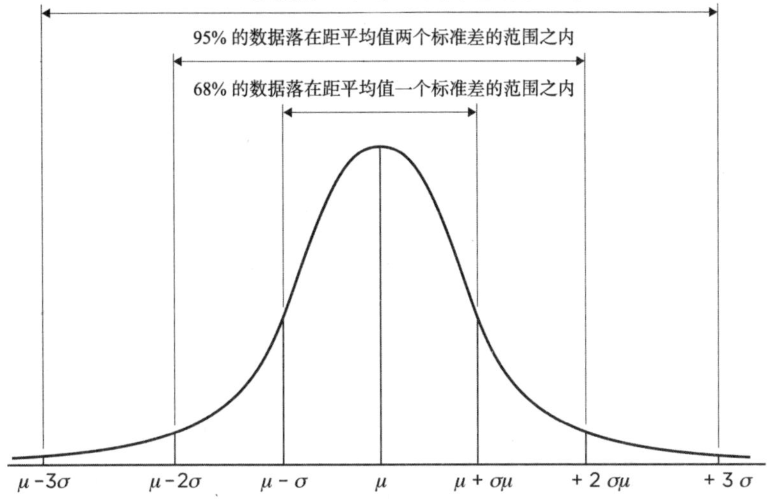

这条曲线被称为正态分布曲线。很多事物的数据分布模式都与这条曲线吻合，例如有 68% 的数据会落在一个标准差的范围内，95% 的数据会落在两个标准差的范围内，而 99.7% 的数据会落在三个标准差的范围内。因此，这条曲线可以用来描述人体身高、测量误差、血压读数、考试成绩以及其他一些数据集。

超过平均值两个或者三个标准差可以被视为一个边界，如果数据落在这个边界之外，就需要警惕了。但这个边界也能够用来定义什么是“正常”。假如你的工作是每年出一次考试题。你可能无法确定每年的考题难度是否相当，也不知道批卷的严格程度是否一致。不用担心，你可以利用正态分布曲线来确定及格的分数。如果你把所有学生的成绩绘制成曲线，然后规定以低于平均成绩 0.5 个标准差的分数为标准，高于这个标准的学生视为及格，那么你就可以确保每年考试成绩在前 69% 的学生一定会及格。

第 15 章

一团麻绳有多长

不是所有的东西都可以被计数。

那些能够组成群体的物体是可以计数的，比如牛群、蛋糕、平底锅或者斧头。但并不是所有事物都是离散可数的，我们要量度一些连续性的事物，比如时间以及像水一样的液体，还有一些难以计数的事物，比如沙子和米粒。并不是所有的事物都可以被计数。

统治者和尺子

据我们所知，早期的计量单位都是以人体为基础的，比如步长、从手指到胳膊肘的距离（一肘）或者大拇指最上面一节的长度。这些计量单位在日常生活中的应用效果都还不错，但是如果你需要测量结果非常精确，或者需要将不同的人测量和生产的东西组装到一起，那么这种计量方法就不适合了。试想一下，在修建金字塔时，如果金字塔的每一边的长度都由不同的人通过步数来测量，那结果会怎样？即使使用同一个人，也无法保证他每一步的步长都是相等的，更别说不同的人了。在这些需要相对精确测量的场合，统一的“标准”就显得非常有必要了。

标准可以定义为以某个大人物胳膊的长度为基准，比如以法老或者主持修建的人的一肘长为基准。但这会非常不方便，因为这个人不可能每天抬着胳膊到处去执行测量任务，更做不到分身各处同时进行测量。因此，某种替代品——比如尺子——就出现了。皇室使用的肘尺通常是由一根木杆制成，与现代的尺子一样，它的上面也标示了刻度。从5000年前开始，这种“标准”的效果就非常不错：位于吉萨的大金字塔就是使用“肘尺”作为度量标准进行建造的，整个金字塔占地面积为440平方肘，测量的精度达到了0.05%，也就是说，230.5米仅有115毫米的误差。

国际单位制

公制和十进制是构成国际单位制的基础。国际单位制最早于1799年在法国开始使用。现在，世界上大部分地区使用的都是国际单位制。

国际单位制的七个基本单位是于1960年在第11届国际度量衡大会上确定的，它们包括：

- **安培**（A）——测量电流的单位；
- **千克**（kg）——测量质量的单位；
- **米**（m）——测量长度的单位；
- **秒**（s）——测量时间的单位；
- **开尔文**（K）——测量热力学温度的单位（一开尔文等于1℃，但是其测量的原点是从绝对零度开始的，也就是−273.15℃）；
- **坎德拉**（cd）——测量发光强度的单位；
- **摩尔**（mol）——物质的量单位，把与12克碳12所包含的原子数目相同的微粒（比如原子、离子或分子）整体作为一个测量基本单位，其具体数目等于阿伏伽德罗常量，即6.02×10^{23}个原子/分子。

在这些基本单位的基础上又衍生出了很多常用的国际单位制单位。但需要注意的是，一些我们熟悉的计量单位，比如小时、升和吨等并不是国际单位制单位。

有 20 个官方许可的英语前缀可以与国际单位制使用，如下表所示。

倍数	名称	符号
10^{24}	yotta	Y
10^{21}	zetta	Z
10^{18}	exa	E
10^{15}	peta	P
10^{12}	tera	T
10^{9}	giga	G
10^{6}	mega	M
10^{3}	kilo	k
10^{2}	hecto	h
10^{1}	deka	da
10^{-1}	deci	d
10^{-2}	centi	c
10^{-3}	milli	m
10^{-6}	micro	μ
10^{-9}	nano	n
10^{-12}	pico	p
10^{-15}	femto	f
10^{-18}	atto	a
10^{-21}	zepto	z
10^{-24}	yocto	y

但在现实生活中，我们并不使用“兆秒”来计量时间，而是使用“月”和“年”。

标准如何制定

用于测量的工具必须经常根据标准来进行校准。因此，标准必须是绝对不变的。这听起来很简单，但实际上却很难做到。木质的尺会因为木头被风干而收缩变形。即使是铁尺，也会热胀冷缩。

目前，只有“千克”仍然使用实物作为标准外，国际单位制的其他基本单位都是以宇宙中的不变量为基础的。例如，秒就

各式各样的计量单位

世界不同地方的人们按照他们的喜好和需要发展出了不同的计量体系。其中有一些甚至会让人觉得有些好笑，比如：

- 一马长（2.4 米），在赛马中使用；
- 一牛草（面积单位）—— 如果铺满草，足够可以喂饱一头牛的场地的大小；
- 一摩肯（面积单位）—— 一个人和一头牛一个早晨刚好能够耕种完的田地大小，这是由南非法律协会（South African Law Society）于 2007 年制定的，它的大小相当于 0.856532 公顷；（这样写会不会太精确了？）
- 木星的质量 —— 用来表示太阳系外行星的质量，等于 1.9×10^{27} 公斤。

被定义为铯 133 原子基态的两个超精细能阶之间跃迁所辐射的 9,192,631,770 倍的时间。

如何表示距离

我们在生活中经常需要对长度或者距离进行测量。我们的测量范围通常在几毫米到几百甚至上千千米之内，所以我们常用的单位主要有毫米、厘米、米和千米。但实际上，这些只是长度单位中很小的一部分。

米的定义

米最初被定义为半条子午线（也就是环绕地球，从北极点到南极点距离的一半）长度的 1/10,000,000。这个长度是 1795 年测定的，精度在半毫米之内。在法国，人们用铂铱合金制成国际米原器，其精度大概在 1/100 毫米。1960 年，米的定义被换成了非实物标准。现在，1 米被定义为光在真空中于 1/299,792,458 秒内行进的距离——看上去，将 1 米的定义为光在真空中于 1/300,000,000 秒内行进的距离或许更好，但毕竟我们在生活中使用旧标准已经有很长一段时间了。

一团麻绳可能会有几厘米或者几米长，即使它有几千米长，用我们现有的长度单位来表示它也没什么问题。但是，如果它可以从地球一直被拉伸到海王星，我们就需要换成天文单位（非国际单位制单位）来测量它了，1 天文单位被定义为地球中心与太阳中心的平均距离，即 149,597,870,700 米（大约 1.5 亿千米）。

而在太阳系之外，计量单位需要更大。天文学家使用的那些长度单位甚至根本无法在地球上使用。

1 光年被定义为光在真空中沿直线传播 1 年的距离，即 9,460,000,000,000 千米。在太阳系内用光年作为单位并不方便，因此天文学家通常会使用光分（光在真空中一分钟所走过的距离）或者

光时作为单位。地球到太阳的距离是 499 光秒，也就是说，太阳光要经过 8 分 19 秒才能到达地球。如果太阳发生了爆炸，我们也只能在 8 分多钟之后才会知道。海王星离太阳有 30 个天文单位，或者 4.1 个光时。

天文学家并不喜欢使用光年这个单位，因为它看上去略显简单，缺少了科学的味道。他们更喜欢使用秒差距。这个名称来自“一弧秒的视差”。一秒差距等于 3.26 光年，或者 206,265 个天文单位。

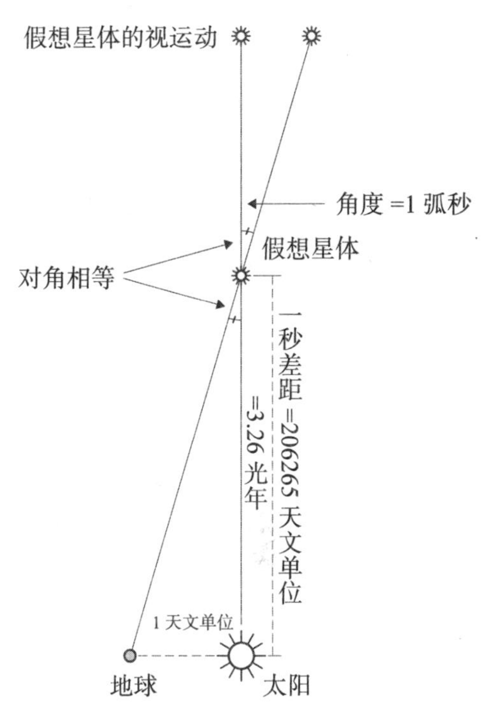

尽管我们很少说千天文单位或者千光年，但我们经常会使用千秒差距和百万秒差距。1 百万秒差距大约是地球到太阳距离的 2000 亿倍。1 吉秒差距等于 10 亿秒差距。目前，可观测到的宇宙的直径大约是 28 个吉秒差距。所以，如果使用吉秒差距作单位，无论麻绳有多长，我们都可以测量出它的长度。

如何表示短距离

如果麻绳超级短，我们可以用“埃米”（Å）来表示：1Å 是 10^{-10} 米，或者百亿分之一米。钻石中两个碳原子之间的距离大约是

1.5Å。

实际上，原子中有很大的空间是没有被占用的。尽管碳原子直径有 1.5Å 那么大，但实际上，原子核中质子和中子的直径却大约只有 1.6×10^{-15} 米，或者 1.6 飞米。其余部分实际上都是电子随机绕行的空间。而一个电子的直径大约只有 2×10^{-15}~2×10^{-16} 米，因此我们常说电子的大小可以忽略不计，或者电子不占任何空间。显然，这种说法并不准确，如果你有一把以飞米为刻度的尺子，你完全可以对原子核和电子的大小进行测量。

非官方的前缀

2001 年，美国学生奥斯汀•森德克（Austin Sendek）提出在国际单位制中使用前缀“hella”来表示 1027 倍。国际单位咨询委员会（Consultative Committee for Units）在经过考虑后拒绝了这项提议。但自从这个前缀被提出以后，很多网站都使用了它，其中就包括谷歌计算器。

短与超级短

一把以飞米为单位的尺子听上去很棒。不过要是你有一把更短的尺子，这把尺子或许只有飞米的 1/1000 那么长，或者说只有 1 阿米长，你会用它来测量什么呢？你可以测量尺寸稍大的夸克（一种亚原子粒子），却无法测量那些尺寸更小的顶夸克，因为顶夸克比阿米（10^{-21} 米）的 1/1000 还要小。如果你想测量顶夸克，那么就需要一把单位更小的尺子，尺子上的刻度要精细到攸米。（如果你把飞米想象成 1000 米那么长，那么攸米就相当于 1/1,000,000 毫米，但千万别忘了，实际上飞米要比原子核还要小。）

“米”并没有那么好

当安德斯·埃格斯特朗（Anders Ångström）于1868年创造了“埃米”这个单位的时候，“米”的标准被制成了铂铱合金板保存在了巴黎。如果想要定义能够测量原子之间距离这样小的长度单位，金属板就不再是合理的选择了。试想下，如果有几个原子吸附在板子的末端，那会如何呢？一开始，埃格斯特朗的测量存在1/6000的误差，这是因为他使用的“米”比保存在巴黎的标准要短，比较也不够精确。后来他修正了计算，但结果比最初的还要差。1907年，“埃米”被重新定义为空气中镉的红色谱线波长的1/6438,4696。

我们现在可以对中微子（另一种亚原子粒子）进行测量，它的直径只有1攸米（10^{-24}米）。还要说明的是，粒子占据的空间与我们通常理解的不大一样，实际上，我们所说的粒子半径只是它作用力的范围。（这就与我们测量飓风的宽度是一样的，飓风并不是一个实心物体，但我们通常会把它在空间中波及的范围定义为它的尺寸，这样看来，粒子就像是一个微缩的超小型飓风。）中微子只有电子的十亿分之一那么大，如果把中微子比作一个苹果，那么电子就差不多有土星或者10个地球那么大。

最小的长度单位：普朗克长度

在已知的粒子中，还没有发现尺寸比1攸米还要小的粒子。不过，刻度倒是可以做得更小。普朗克长度（planck length）被认为是最小的长度单位。尽管理论上我们可以将刻度划分得更小，但那样做并没有什么实际意义。小于普朗克长度（10^{-35} 米），物理定律就不再成立，所以测量本身就是件不可能的事。唯一可能用普朗克长度来测量的物体或许就是理论物理领域中存在的量子沫和量子弦了（如果它们真的存在的话）。如果把普朗克长度看作一个苹果的直径，那么电子的直径会超过 1000 万光年，一个碳原子会比可观测的宇宙还要大。

弦和物质

在现代物理学中，有一种理论认为万物都是由振动的能量弦构成的。这些弦非常微小，真的是小到不能再小，因此它们需要用普朗克长度才能测量。如果把单独一个氢原子视为有可观测的宇宙那么大，那么弦看上去只有一棵树那么大。所以，或许我们不应该问“弦有多长”，而是应该问“弦有多短”。

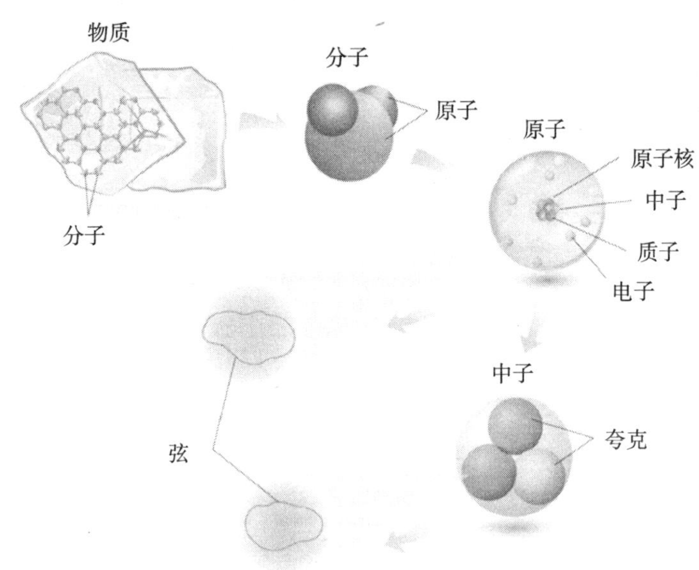

第 16 章 你的答案有多正确

你不会用毫米作为单位来表示鲸鱼的长度，同样，也不会用千米作为单位来表示原子的大小。

度量单位有很多，因此我们在测量时可以根据测量要求来选择合适的单位。

选择合适的单位

在测量物体时，如果我们选择的单位过大，测量的结果可能会是一串令人感到不舒服的小数，而且通常也不够准确。例如，一只狗的身高是 69 厘米，这里选择“厘米”作单位是合适的，我们可不想说一只狗的身高是 0.0069 千米。同样，太平洋的容积可以表示成大约 6.6 亿立方千米，但如果我们要去买牛奶，那么继续使用立方千米作单位就不合适了。总之，当我们发现在有意义的数位之前或之后出现了太多的 0 时，就很可能意味着我们使用了不合适的单位。

计数和计算

计数是一种简单的方法。我们很容易数清楚一间屋子中有多少人，或者一个停车场中有多少辆车。但是，对于那些大数、经常变动的数或者没有固定范围的数来说，计数会非常困难。你无法数清

海滩上有多少沙粒，原因有三个：一是沙粒数目太多；二是沙粒的数目会随着潮起潮落发生变化；三是海滩的边界很难界定。你该从哪里数到哪里呢？海面以下多深的地方还可以被称为海滩呢？这些都很难确定。

在这种情况下，想要给出一个数字，就需要借助计算或者估算了。例如，一个多层停车场停满了车辆，停车场一共 10 层，每一层的设计都完全相同，如果我们要想知道一共停放了多少车辆，只要数出其中一层停放车辆的数量，然后乘以 10 就可以了。假设一层有 80 个停车位，那么整个停车场总共可以停 800 辆车。当然，可能某一天会有个别车辆停放的不太规矩，那么车辆的总数也可能会是 798 或者 799。

计算和估算

罐子中有多少糖果呢？这是一个经常在宴会或游园会上被问到的游戏问题。

如果罐子是四方形的，且上下口径一致，而且糖果的形状（圆形或者方形）和大小也都一样，那么这个问题会非常容易回答。只要数出铺满一层需要多少颗糖果，然后再乘以糖罐被装满时糖果的总层数就可以大概算出糖果的总数了，这个值会非常接近真实的数值。这时，我们并不需要担心单位的选择问题，直接使用糖果的颗数作单位就可以了。

如果罐子是圆形的，要想算出（或者猜出，当然，你可能更喜欢使用“算出”，因为那样看上去会更专业）糖果的数量，可以先数出装满糖果时从上到下的一列上会有多少颗糖果，然后再绕罐子一周，数出每个圆形横截面的边缘有多少颗糖果（或者只数半周，然后乘以 2 也可以）。最后使用以下公式就可以算出糖果的总数了。公式中的 h 表示罐子的高度，c 表示罐子的周长：

$$(c/2)^2 \div \pi \times h = \text{糖罐的容积}$$

如果糖果的大小或者形状并不相同（按科学的说法就是，它们是多型粒子），或者罐子非常小或者形状不规则，那么想要准确地估算出糖果的数量会变得非常困难。但科学家们还是找到了计算糖果数量的方法。他们从每一颗糖果（在实验中，他们将其称为粒子）的角度出发，提出了通过计算填充密度来计算数量的方法，不过这离我们的主题有点远，我们只不过想要玩一下数糖果的游戏罢了。所以，我们的方法更简单些，就是多数出几层和几列糖果的数量，求出它们的平均值，再代入上面的公式进行计算。

（这个游戏现在可能有些过时了，现在，你可以使用一款 App 来算出糖罐中有多少糖果。）

抽样

计算糖果的数量还相对容易些，至少糖果不长腿，不会爬进爬出，也不会在糖罐里来回移动，更不会躲起来。但是，如果你想要计算一片树林中会有多少只乌鸦就没那么容易了。它们会飞来飞去，会躲在窝里，而且数量并不少。在这种情况下，最好的方法可能就是抽样了。我们可以在树林中抽取一棵树，观察它一段时间，估算出这棵树上乌鸦的数量以及树林中有多少棵树，将这两个数值相乘便可以估算出整片小树林中乌鸦的数量了。

抽样的方法可以用于调查民众的选票情况，或者用于估算数字，比如酒类的销量或者人们通勤的距离。为了能够得到相对可靠且具有统计意义的结果，基于抽样的估算必须选取有代表性且容量适中的样本。例如，如果你想要估算加拿大素食主义者的数量，但你选择的样本只是 15 位生活在敬老院中的老人或者 100 位在校的年轻女大学生，那么很显然，你的结果一定是不可信的。

找到合适的人群

为了具有代表性，样本容量必须足够大，而且必须能够多元化地反映出人口构成。因此，如果调查的对象是加拿大人口，那么抽样的样本就必须包含不同年龄、不同种族以及具有不同经济和社会地位的男性和女性，而这些具有不同特征的样本占样本集的比例必须与具有这些特征的人群在整个加拿大人口中的占比相同。这被称为“人口特征”。

得到合适的样本容量是一个有技术难度的过程，它可以让你了解你是否真的需要亲自去做调查。如果你只是从媒体上看到了一个调查结果，那么你就可以通过查看该调查的样本容量以及人口特征来大致判断该结果是否可信。总体来说，如果被抽样的人数占总人数的比例越大，调查结果就越可信——但前提是，调查人员必须精心挑选了那些有代表性的样本。

以下面的表格粗略地展示了当样本容量和样本集不同时，结果的可信度。

人口数	误差幅度			置信水平		
	10%	5%	1%	90%	95%	99%
100	50	80	99	74	80	88
500	81	218	476	176	218	286
1000	88	278	906	215	278	400
10,000	96	370	4900	264	370	623
100,000	96	383	8763	270	383	660
1,000,000+	97	384	9513	271	384	664

例如，如果你统计的人口总数超过了 100 万（就好像你在加拿大做人口调查），为了把调查结果的误差控制在 1%（也就是说，答

案的准确度在 ±1% 以内），那么你就需要调查 9513 个人，这样你就会对结果有足够的信心。当然，这一切的前提是你使用的是有代表性的样本。如果你想要了解加拿大人的饮食习惯，但仅仅选取了宗教信仰者（大多数是素食主义者）或伐木工人（大多数是食肉主义者）作为样本，那么你的结果必将不具说服力。

有效数字

统计结果的精确程度可以通过有效数字呈现出来。有效数字是复杂的统计处理和统计报告的一个重要标志，它是数字中那些有意义的数位，体现了数字的真正细节，因此它并不包括那些只用来占位的零。例如，103.75 有五个有效数字，其中最有意义的是 1，它表示数字是百位数。而 121,000 可能只有三个有效数字——当然，除非它表示的数字就等于 121,000。

我们可以通过四舍五入的方法来控制有效数字。如果计算结果不够精确，那么我们可以用近似准确的数字表示。例如，你想计算一勺沙粒的数量，得到的结果是 445,341,909，这个结果看似精确，却不够准确。因此，如果你确定计算结果会在 50,000,000 以内，那么你可以用四舍五入的方法将结果表示为 450,000,000 或者 400,000,000。同样，世界人口总数一直在不断变化，也无法被精确测算，因此我们常用 70 亿来表示。2015 年的统计结果是 7,324,782,000。但是越精确的数字不一定越准确，就好像是你知道得越多，并不一定意味着你会做得更多。

有时，你的计算结果可能有很多有效数字，但这些数字并不一定适合都表示出来。假设你想知道一个直径为 120 厘米的圆形毛毯的面积，就可以使用公式 πr^2 进行计算，当圆的半径为 60 厘米时，毛毯面积为 11,309.7336 平方厘米。实际上，11,300 平方厘米就已经足够精确了。另外，在最后的结果中不需要包含小数部分的另一个重要原因就是，首先圆毯半径就不够准确。如果包含了小数部分，反而会让人误以为结果很准确。

精确的π？

圆周率（符号 π）是一个无理数，也就是说，其小数点之后是一个不断延续、没有终点的数字序列。

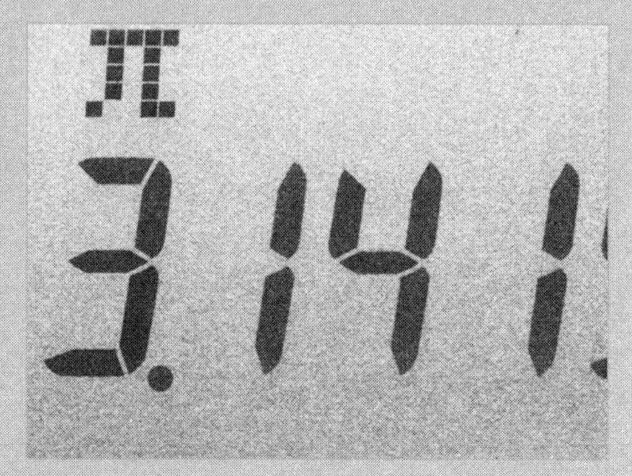

尽管计算机现在已经可以将 π 计算到小数点后的几十亿位，但数学家们却认为 π 超过小数点后 39 位就没有太大的意义了，因为无论是要计算宇宙的体积，还是要计算一个原子的尺寸，39 位都已经足够用了。

第 17 章

我们都会死去吗

传染性疾病大爆发是一件很可怕的事情。

传染性疾病可能会跨洲传播，甚至蔓延到全球。

可怕的瘟疫

最著名的大规模传染性疾病就是黑死病，它爆发于 1346 年至 1350 年间，在亚洲、欧洲和非洲总共造成了约 5000 万人死亡。大多数医学历史学家认为黑死病是鼠疫耶尔森氏菌的一种可怕的变种，这种细菌能够引起鼠疫。而在这之后的 1918 年至 1919 年间，一种新型的流感病毒引发了另一次传染性疾病的大范围流行，这种疾病最终蔓延至全球，大约 1 亿人因此丢了性命。虽然两次

大规模的传染性疾病造成的死亡人数差不多，但 1918 年的世界人口（约 20 亿）要比 1346 年（约 4 亿）多得多。那么问题来了，这样大规模的传染性疾病还会再次爆发吗？

我们应该害怕吗

令人欣慰的是，到目前为止，如此大规模的全球性传染疾病爆发只发生过两次。但是在过去的 100 年中，世界已经发生了翻天覆地的变化。按照现代国际旅行的出行方式和速度计算，黑死病如果卷土重来，可能只需要数周或者几个月的时间就可以蔓延至全球。而在中世纪，那时人的移动速度没有马快。当然，其他事情也发生着变化，如今数学的发展也已经今非昔比。

病原体传播的秘密

流行性疾病和传染性疾病，比如流感和鼠疫，都是由病原体引起的。病原体通常是细菌或者病毒。如果想引发传染病，病原体需要具备以下条件：

- 容易在人与人之间传播；
- 能够在人卧床不起并且无法与潜在受害者有接触之前实现传播；
- 让人活得足够长，以便传播。

如果病原体再懂点数学那就更可怕了，它一定会让自己同时满足以上所有条件，从而令传染性疾病大规模爆发。

翻倍，翻倍，再翻倍 —— 再生率

决定流行性传染疾病发生的一个关键数字就是疾病的基本再生数，它被称作 R_0。R_0 表示的是受感染人群在其感染期能够感染的人数。感染期是病人从被感染开始直到死去或完全战胜感染的这段时间。R_0 越大，病原体引发传染性疾病的可能性就越大。尽管现实情况可能更复杂，但我们仍可以用一个简单的模型来看一下 R_0 的影响。如果 $R_0<1$，那么将不会发生传染性疾病；但如果 $R_0>1$，则可能导致传染性疾病的爆发。计算 R_0 有两种方法：一种是通过收集个体数据，也就是跟踪个体感染者接触的人数和感染率；另一种则是在整个人群中收集感染率数据。两种方法给出的结果往往大相径庭，这也是流行病学（研究流行病的科学）所面临的挑战之一。

R_0 可由下式计算：

$$R_0 = \tau \times \bar{c} \times d$$

其中，τ 是传染率，即当一个已感染者与一个易感者接触时，易感者被感染的可能性。如果已感染者接触过四个人，而其中只有一个被感染，那么传染率为 1/4。

$\bar{c}$ 是平均接触率，即已感染者与易感者之间的接触频率，可用单位时间内的接触次数来计算。如果已感染者和易感染者一周内接触过 70 次，那么每天的接触频率就是 70/7=10。

d 是感染持续时间，即感染者有多长时间能感染别人（其单位与计算 $\bar{c}$ 时所用的时间单位相同）。

如果一种传染病能够使感染者感染 4 天，其传染率为 1/4，且接触率为 10，那么

$$R_0=1/4 \times 10 \times 4=10$$

这种病原体将有很大可能使很多人感染！

另一个需要考虑的重要因素就是易感者的数量。有些人并不是易感者，他们会对某种传染病免疫，这可能是因为他们之前已经患

过某种特殊的疾病而使他们具有了免疫力，也可能是因为他们事先接种过相关疫苗。但如果是一种新病菌或者新病症，那么每个人都是易感的，这很容易使该种疾病蔓延。

通常，如果再生率 R_0 越大，想要控制这种疾病的扩散就会越难。鉴于计算 R_0 的方法有很多种，其中有些来自实践，有些来自于理论，因此再生率并不是非常可靠，也不适合直接用于比较。但无论如何，它是我们现在所拥有的最好的描述疾病传播的数学方法了——看来，在这方面，病原体掌握的数学要远胜我们一筹。

当心流行疾病

一些流行疾病的再生率 R_0 的估值如下：

疾病	R_0
麻疹	12~18
百日咳	12~17
白喉	6~7
脊髓灰质炎	5~7
非典型肺炎	2~5
流行性感冒（1918 年大范围传播）	2~3
埃博拉（2014 年爆发）	1.5~2.5

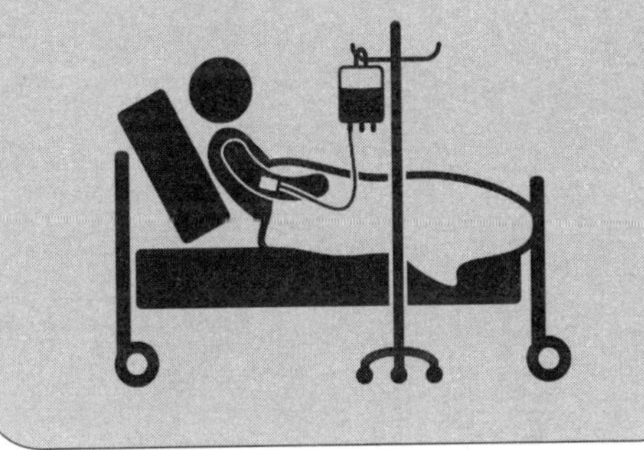

我们可不是数字

再生率 R_0 只是一个估值，得到它通常需要某种简单的假设，比如假设人口分布和人与人之间的接触次数对每个个体来说都是完全相同的（即人群是完全均匀分布的）。但这种假设在现实中并不完全成立，因为总会有人比其他人更容易受到感染。有些人会与较多的人密切接触，比如老师会与大量的学生接触，生活在养老院的老人也会经常与他人接触。相比之下，那些独自生活或者生活在偏远地区的人们与其他人接触的机会就会少很多。

疾病再生率会逐渐下降

在流行病和传染病传播的过程中，疾病的再生率 R_0 是在不断变化的。在影响 R_0 的因素中，传染率和接触率都与易感者的数量密切相关。在疾病传播一段时间后，易感者的数量会逐渐减少，这是因为那些曾经感染过这种疾病又恢复健康的人们不再是易感者了（当然，还有那些因疾病死去的人们）。

最开始，所有与已感染者接触过的人都变成了潜在的被感染者（假设人们都没有接种过疫苗）：

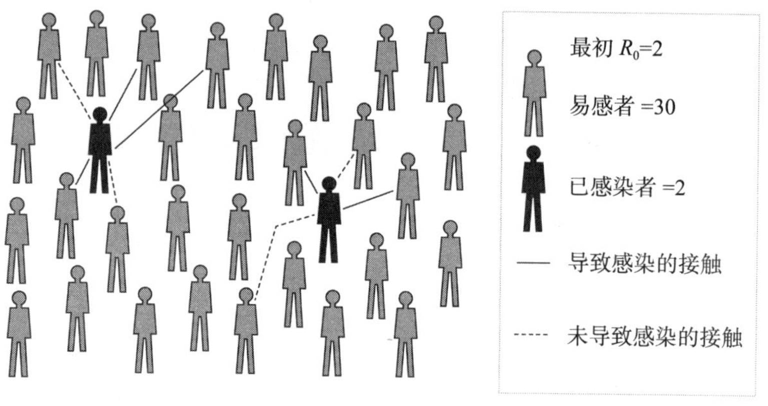

后来，随着疾病的传播，很多接触者已经得过了该种疾病，因此就不再是易感者了：

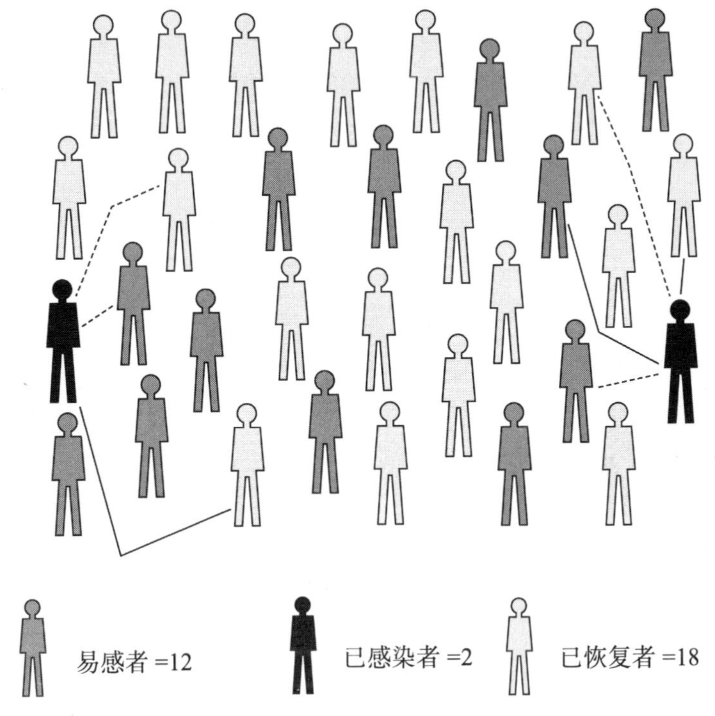

因此，疾病的再生率在传播过程中会逐渐下降。最终，它会小于 1，这时疾病就不再会传播了。

接种疫苗

疫苗可以减少人群中易感者的数量。如果大部分人接种了疫苗，那么已感染者接触到易感者后，易感者得病的可能性就会降低，从而使疾病无法传播。这就是群体免疫，它有助于保护那些无法注射疫苗的人（比如那些患有癌症和艾滋病的人）。已感染者接触到的大部分人都是对疾病免疫的，所以群体免疫降低了易感者被感染的概率。群体免疫的范围越大，人们就越安全。

如果接种疫苗可以 100% 的预防疾病，那么要想阻止疾病的蔓延，整个人群中需要接种疫苗的人数比例可用下式粗略计算：

$$1-1-R_0$$

也就是说，如果人类正面临着一场致命流感的威胁，这种流感的再生率 R_0 为 3，那么要想阻止这场流感的蔓延就需要 1−1/3=2/3 的人口接种流感疫苗。

麻疹的再生率 R_0 在 12~18 之间。为了便于计算，我们不考虑区间的变化，取中间值 15。这就意味着如果想要阻止麻疹在人群中蔓延，就需要 1−1/15=14/15 或者约 93% 的人接种麻疹疫苗。在美国，大约有 20% 的人错误地认为接种疫苗会诱发自闭症，因此他们会拒绝给他们的孩子接种疫苗。2015 年，美国的疫苗接种率为 91.1%，但是在某些地区，学龄前儿童的接种率却只有 81%，如此低的接种率会令这些地区难以抵抗麻疹的侵袭。

第 18 章

外星人在哪里

毫无疑问，我们不是宇宙中唯一的智慧生物，但如果不是，那么外星人又会在哪里呢？

仰望星空，银河只是苍茫宇宙的一角，那里大约有 3000~4000 亿颗星星。实际上，我们的银河系并不算大，因为在目前可观测到的宇宙中（可能）存在着 1700 多亿个星系，而在每个星系的巨大椭圆形星云中有大约 100 万亿颗星星。因此，整个宇宙大概会有 10^{22}~10^{24} 颗星星。即使是 10^{22}，那也将是地球上所有沙滩沙粒总数的 10,000 倍；如果是 10^{24}，那将会是沙粒总数的 1,000,000 倍。宇宙中的星球如此之多，以至于如果我们还固执地认为我们是如此特殊，而且宇宙中不会有比我们更加先进的文明，那么我们就显得过于傲慢了。

可以观测到的宇宙

目前，我们可以观测到的宇宙是一个以地球为中心的球体，这个球体的直径大约是 920 亿光年。在这个球体之外可能还会有很多宇宙，但我们无法知道，因为任何从那里发出的光到目前为止还尚未到达地球，即使在 138 亿年后，它们也无法到达。浩瀚星空中很有可能存在着多个我们目前尚不可知的宇宙。同样，我们所在的地球恰好是整个球形宇宙的中心的可能性也微乎其微。

除了我们的地球之外，在宇宙其他地方极有可能也存在着智慧生物，但或许是由于距离遥远，即使它们想要和我们取得联系，也是非常困难的。不过，在我们的银河系中有3000~4000亿颗星星，这些星星上会不会也有智慧生物呢？或许有一天，我们能够回答这一问题。

> 宇宙中有智慧生物吗？我对此毫不怀疑。那么，我们的银河系中有其他智慧生物吗？我认为可能性极大，为此我愿意和任何人打赌，赔率随意。
>
> 保罗·霍洛维茨（Paul Horowitz），
> 发现外星文明计划（SETI）的领导者

费米悖论

1950年，意大利物理学家恩利克·费米（Enrico Fermi，1901—1954）发表评论说，如果宇宙中普遍存在着智慧生物，那么为什么我们还没有和它们有任何接触，或者找到它们存在的任何证据？这个问题令天文学家感到困惑，从那时起，很多人提出了关于技术发展壁垒、物种演化以及生存界限的理论，还有人对“人类是否真的是一种特殊存在”这一类问题重新进行了研究。

距离和光速

据估算，宇宙诞生于 138 亿年之前，但我们可观测到的宇宙的半径却超过了 138 亿光年。这是因为宇宙空间在膨胀的时候会一直把最外沿以极大的速度推向远方。因此，如果在宇宙诞生之初，某个星球发出了一道光，那么在 138 亿年之后当这道光到达地球的时候，该星球可能已经移动到距离地球 460 亿光年远的地方了。

德雷克方程

德雷克方程（the Drake equation）试图通过设计一个具有几个参数的方程来推测在我们银河系中存在地外智慧生命的可能性。虽然我们至今也无法完全给出方程中所有变量的具体数值，不过这个方程还是向我们展示了如果我们获得了这些变量的正确数值时，该如何计算存在地外智慧生命的可能性。这个方程有几个不同的版本，但版本的差别不大，其中最直观的一种如下：

$$N = N_* \times f_p \times n_e \times f_l \times f_i \times f_c \times f_L$$

其中：

N 代表的是在我们的银河系中可以与我们通信的文明的数量，这些文明会向外界发出电磁信号，而这些信号可以被我们接收到；

（这些文明与我们的联系也可以通过光锥来表示，如下页图所示）

N^* 代表银河系中恒星的数量；

f_p 代表有行星的恒星在所有恒星中的占比；

n_e 代表在每个行星系中类地行星的数量；

f_l 代表那些适宜居住的行星能够进化出有生命存在的行星的比例；

f_i 代表在那些有生命存在的行星中，能够演化出智慧生物（文明）的行星的比例；

f_c 代表那些有智慧生物存在，能够达到一定的科技水平，并且能够向外界空间发出可侦测信号，以表示它们存在的行星的比例；

f_L 代表有智慧生物存在的行星发射电磁信号的持续时间与行星寿命周期的比例。

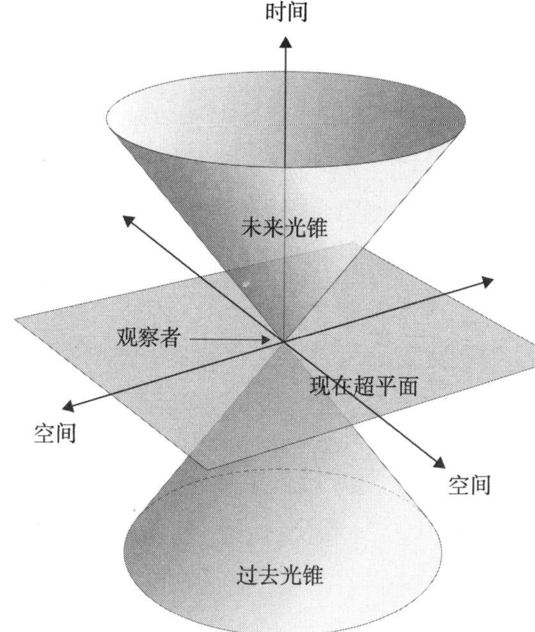

乍一看，智慧生物存在的机会并不是很大，不过千万别忘了，银河系中大约存在 3000 ~ 4000 亿颗恒星，而且恒星周围通常都会有行星，因此星体的数量可能比我们想象的多得多。让我们先用假设的参数尝试着计算一下智慧生物存在的概率。

假设银河系有 15% 的恒星都是类太阳恒星，而且有行星（f_p）。这个数值目前的估值在 5%~22% 之间，我们取近似中间的数值。因此可得：

4000 亿 × 0.15

在我们的太阳系中，除了地球之外，火星是唯一一个被认为曾经有可能出现过或者存在过生命的星球，因此我们可以假定 n_e =2，即：

4000 亿 × 0.15 × 2

很多科学家都认为地球上的生命大概在地球诞生十亿年之后才出现。这难道是说在具备了所需条件之后，生命就很可能会出现？虽然太阳系中还有其他一些行星或是卫星看上去具备孕育生命的条件，但我们并没有在这些星球上发现任何生命的迹象。这说明生命的诞生似乎并不是像表面看上去的那么容易。还有很多我们不知道的原因。我们只能对生命出现的可能性进行估计，它的范围可以从 100%（基本条件具备就可出现）到 0（基本条件具备也无法出现）。我们挑个中间数值，令 f_l 为 10%，即：

4000 亿 × 0.15 × 2 × 0.1

在这些行星中，又有多少行星能够演化出智能（f_i）呢？这

搜索行星

到目前为止，我们还不知道银河系中是否还有其他恒星拥有行星系。但搜索太阳系外行星（存在于我们太阳系之外的行星）的工作正在有条不紊地进行，很多太阳系外行星逐渐被发现。截至 2015 年 4 月，我们已经在超过 1200 个不同的行星系中发现了 1900 多颗太阳系外行星。这是相当令人振奋的。

很难猜，一些科学家认为智能是进化的结果，它终将出现，所以接近 100%，而另一些人则认为从简单生命衍生出智能的概率很小。我们就假设它为 1% 吧，即：

$$4000\text{亿} \times 0.15 \times 2 \times 0.1 \times 0.01$$

接下来的数值只能靠推测了。如果智慧生物能够创造出文明，那么它们的技术一定是达到了一定水平，并且可以向外界发出可以被侦测到的电磁信号，这种可能性（f_c）有多大呢？没人知道。它可能是 1/10，也可能是 1/1,000,000。我们就先假设它为 1/10,000 吧，即

$$4000\text{亿} \times 0.15 \times 2 \times 0.1 \times 0.01 \times 0.0001 = 12,000$$

由此，我们推测出银河系中可能有 12,000 颗星体上存在着文明，它们正在向我们发出电磁信号。如此看来，我们还是很有希望找到外星人的，但还有一个不容忽视的前提就是，这些文明和我们的文明必须存在时间上的交叠。如果考虑这一点，我们就不再那么乐观了。

假设一种文明能够持续发射电磁信号 10,000 年（这也是目前人类文明持续的时间），而这种文明所在行星的寿命为 100 亿年，那么 f_L 将会是：$10^3 \div 10^9 = 1/10^{-6}$

$$12,000 \times 10^{-6} = 0.012$$

由此得到的结论就是，有 98.8% 的可能性，在我们的银河系中，目前没有任何文明在等待

接收或发出信号。

当然，我们所采用的数值几乎都是猜测的，甚至可能是完全错误的。如果有一半的恒星有行星，而且这些行星都具备孕育生命的环境，如果条件合适，生命终会出现并最终发展出智能，在此基础上作进一步假设，会有 10% 的智慧生物能够开发出电磁通信系统，如果这些智慧生物像鲨鱼那样存活了 3.5 亿年，那么将这些参数代入方程后，我们将获得完全不同的结果：我们将会有 140 亿个可以通信的生命形态！这要超过我们之前那个保守估算值的一万亿倍。

网络上有很多交互式的德雷克方程计算器，你可以试试看。

还没准备好

1936 年，希特勒在柏林奥林匹克运动会上的公开讲话据说是人类历史上第一次发出能量足够大的可以穿越电离层、离开地球的无线广播。外星人或许已经听到了那段讲话，但是它们认为我们的文明至少在几千年的时间里并不值得联系，因此它们最终放弃了与我们取得联系。

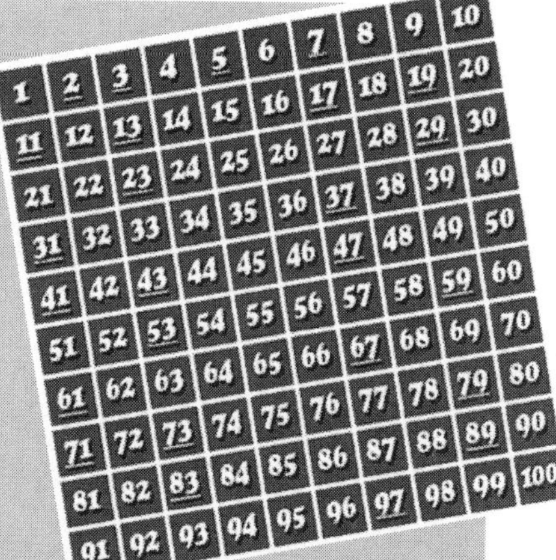

THE 15-MINUTE MATHEMATICIAN

第 19 章

质数有什么特别之处

虽然质数最初根本不属于数学范畴，但其实它可能远比你想象的更有用。

质数是那些除了 1 与其自身之外，再没有其他因数的数字。这意味着，质数无法表示成多个数字（只包括正整数）连乘的形式，除了：

[质数] × 1=[质数]

质数与合数

合数是那些除了 1 和其自身之外，还有其他因数的数字。所以在正整数中，除了 0 和 1 之外，其他数字不是质数就是合数。每个合数可以表示为质数之积，这也就是说每一个合数都可以分解成仅包含质数因数的连乘形式。这说明质数有一个重要作用：它们是数字的积木，我们可以用它们来构成其他数字。

特例

0 和 1 并没有被当作质数。19 世纪，1 曾经一度被当作质数，但是现在它已经不在质数的行列中了。还有一个特例就是 2，它是唯一的偶质数。

质数定理

在 19 世纪的时候，人们证明了质数定理。这一定理说的是如果给定一个随机选择的数字 n，那么这个数字为质数的可能性将与这个数字的位数成反比，或者说与 n 的对数成反比。这意味着，如果这个数越大，那么这个数是质数的可能性就越小。

同样，如果把大于 2 而小于 n 的质数按顺序排列起来，那么相邻质数之间的平均间隔将大概等于 n 的对数，或者说 $\ln(n)$。

寻找质数

一种可以测试质数的方法就是试除法。如果 n 是我们要测试的数字，那么我们可以试着用大于 1 且小于 $n/2$ 的所有数字来除以 n。

显然，用这种方法来测试大数是不是质数会非常吃力，因此我们需要使用其他方法，而这些方法通常都需要借助计算机。迄今为止（截至 2015 年 4 月），我们发现的最大的质数为 $2^{57,885,161}-1$，它总共有 17,425,170 位数字。除非你是个执着的狂热分子，否则费尽心力去寻找更大的质数并没有什么必要。不过，电子前沿基金会（Electronic Frontier Foundation）还是为此提供了一笔奖金，用来奖励第一个发现超过 1 亿位质数的人和第一个发现超过 5 亿位质数的人。

> “质数就像杂草一样芜乱生长于自然数之中，这些看上去完全随机分布的质数却展现出令人啧啧称奇的规律性，似乎有某种规则在规范着它们的行为，而它们也几乎像是遵守军令一样严格地遵守着这些规则。
>
> 顿 · 扎格尔（Don Zagier）
>
> 美国数论学家”

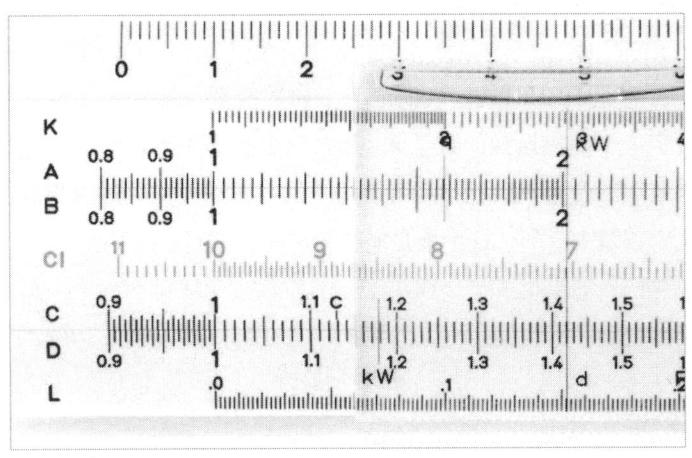

以往我们主要依靠数学家们的头脑，而现在我们还可以借助计算机那些复杂的程序来寻找质数所具有的特殊模式，但遗憾的是，到目前为止，我们还一无所获。

埃拉托色尼筛选法

生活在公元前 2 世纪或 3 世纪的古希腊数学家欧几里得，或许是我们所知道的第一位意识到质数存在的人。另外一位生活在公元前 2 世纪的希腊数学家埃拉托色尼提出了一个方法，即用筛选的方式来筛出质数。这个方法虽然只能用来发现较小的质数，不过它使用起来非常简单。

首先画一张表格，表格的列数固定，一共 10 列，行数任意，将你想要检测的数字都填入，如果你想要检测到 n，你就需要将 1 到 n 的所有数字都填入表格。然后，从 4 开始，从

整张表格中划去2的倍数，接着划去3的倍数、5的倍数、7的倍数，如此一直继续下去，直到划去（$n/2-1$）的倍数便可以停下来，因为小于等于 n 的数中都不会存在比这个数更大的因数了。这时，表格中剩下的那些还没有被划去的数字就是质数了。

~~1~~	2	3	~~4~~	5	~~6~~	7	~~8~~	~~9~~	~~10~~
11	~~12~~	13	~~14~~	~~15~~	~~16~~	17	~~18~~	19	~~20~~
~~21~~	~~22~~	23	~~24~~	~~25~~	~~26~~	~~27~~	~~28~~	29	~~30~~
31	~~32~~	~~33~~	~~34~~	~~35~~	~~36~~	37	~~38~~	~~39~~	~~40~~
41	~~42~~	43	~~44~~	~~45~~	~~46~~	47	~~48~~	~~49~~	~~50~~
~~51~~	~~52~~	53	~~54~~	~~55~~	~~56~~	~~57~~	~~58~~	59	~~60~~
61	~~62~~	~~63~~	~~64~~	~~65~~	~~66~~	67	~~68~~	~~69~~	~~70~~
71	~~72~~	73	~~74~~	~~75~~	~~76~~	~~77~~	~~78~~	79	~~80~~
~~81~~	~~82~~	83	~~84~~	~~85~~	~~86~~	~~87~~	~~88~~	89	~~90~~
~~91~~	~~92~~	~~93~~	~~94~~	~~95~~	~~96~~	97	~~98~~	~~99~~	~~100~~

让质数发挥它的作用

从古希腊时代开始一直到17世纪之前，人们对质数并没有太多兴趣。即使是在17世纪，除了纯数学领域，质数也并没有在其他领域有什么实际用途，不过还是有一些与质数有关的游戏供人们娱乐消遣。质数真正开始大展拳脚是在计算机时代，因为加密算法会用到质数。

现在我们每天都要通过互联网进行大量的安全交易或者保密数据的传输，而质数起着保护传输数据安全的作用。

加密的第一步是用将个很大的质数相乘以得到一个合数：

$$\mathbf{P_1 \times P_2=C}$$

这个合数被用来产生一个被称为公钥的代码，银行（或者其他机构）将它发送给需要加密数据的客户。如果你想要在网上购物，你的信用卡消费记录将被公钥加密。这一加密过程发生在你的计算机上。然后加密数据会在网上传输，如果这些数据被中途拦截，那么拦截者只会得到一串令人费解的乱码。当你的信用卡消费记录被传输到银行的计算机上时，银行就会使用私钥对加密数据进行解密，而私钥是由 P_1 和 P_2 这两个质数组成的。

这种加密方式之所以有效是因为要找到一个大数的质数结合是非常困难的。一个截获了数据的黑客需要 1000 年的计算时间破解代码来找出原始质数。正是因为破译现代密文是如此困难，所以政府都希望技术公司能够在它们的系统中留个“后门”，以方便它们随时窥探人们的行为。

乌拉姆螺旋

1963 年，美籍波兰数学家斯塔尼斯拉夫·乌拉姆（Stanislaw Ulam）在参加一个科学报告会时闲得无聊，随手涂鸦，没想到有了一个惊人的发现。他画的是一个数字螺旋，螺旋的中心处恰好是数字 1。

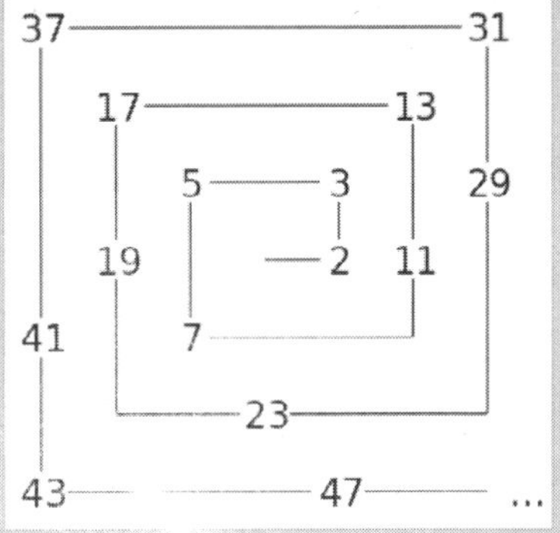

```
37—36—35—34—33—32—31
|                  |
38  17—16—15—14—13  30
|   |            |  |
39  18   5—4—3   12  29
|   |   |     |  |  |
40  19   6   1—2  11  28
|   |   |        |  |
41  20   7—8—9—10  27
|   |               |
42  21—22—23—24—25—26
|
43—44—45—46—47—48—49…
```

然后，他将所有的质数单独挑了出来（如左图所示）。他注意到质数趋向于落在对角线上。螺旋越大，这种特征越明显。有些质数也会落在水平或者竖线上，不过这样的质数的个数明显少于那些落在对角上的质数的个数。

如果用黑点代表质数、白点代表合数，那么计算机就能够帮助我们绘制出一幅乌拉姆螺旋图，图上的黑点很明显地分布在对角的位置上。如果我们也将同样多的随机数排列成乌拉姆螺旋，然后再绘制成图，通过比较就会更明显地发现原图中的黑点的确更多地出现在对角线上。

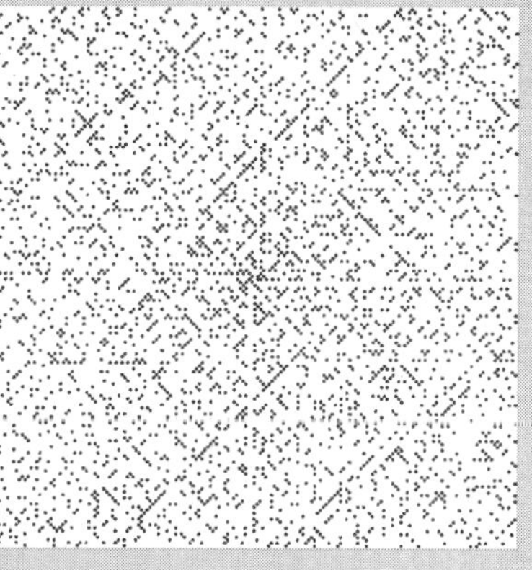

虽然乌拉姆螺旋仍然不是一种预见模式，但是它还是在向我们发出暗示：或许真的会在某处存在着某种可以预测出质数的方法。

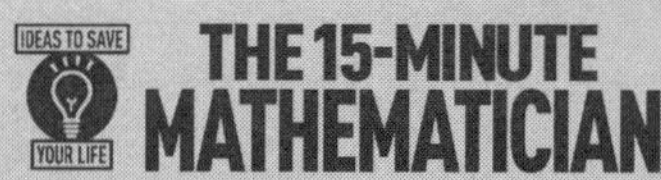

第 20 章

什么是机会

我们每天都要和概率打交道，有时甚至都没有意识到。比如我们常会提到的机会或者风险，这些其实都是概率问题。

当你购买彩票或者选择是否要穿过马路的时候，你面对的实际上都是概率问题。

困难很大吗

赌博就是概率问题。实际上，正是赌博催生了最初对概率进行的研究，即用数学方法直面机会或者风险。赌场的经营者或者博彩公司的庄家必须对概率有足够好的理解，这样才能保证他们能够在大部分时间内都处于有利地位，否则他们是赚不到钱的。但是，他们必须要让一场赌局能够吸引到更多的人来参与。有几种方法能够帮助他们做到这些。

在赛马比赛中，庄家会给不同的马提供不同的赔率，这些赔率用比率的形式表示，如下所示。

严重警告	**20:1**
花美男	**4:1**
奇异夸克	**8:1**
切线	**7:1**
一击命中	**5:1**

如果我们把这些赔率看作分数，就很容易明白它们的意思。赔率 20:1 的意思就是庄家认为“严重警告”这匹马有 1/20 或者 1/20 的机会拔得头筹。“花美男”这匹马获胜机会更大，有 1/4。如果我们把所有马的赔率都转化为分数形式，然后相加，那么从数学角度看，它们的和应该等于 1。但实际上，它们的和并不等于 1，因为庄家要在赌马者的总支出和总赌注之间形成差额以赚取利润。在这场赛马中，赔率的总和为：

1/20+1/4+1/8+1/7+1/5

= 0.05+0.25+0.125+0.142857+0.2

= 0.767857

这个数值与 1 的差是 0.232143，这意味着庄家会获得超过 23% 的利润（假设押注不同马匹的人数相等）。

显然，庄家给出的赔率与真实的赔率并没有什么关系。庄家有意降低了每匹马获胜的概率。真正的概率加起来一定等于 1，因为终究会有一匹马赢得比赛（除非所有的马都摔倒了，或者都被取消了比赛资格）。

关于彩票那些事

还有另一种形式的赌博，它被设计成让参与者只有很小的机会获得大奖，但却有很大的机会获得小奖。很多国家的彩票都是如此。获得头等奖的机会非常小，通常只有 1/1,000,000，但是却会有较大的机会（大概在 1/25）获得个小奖，比如 10 英镑。这很狡猾，因为即使人们意识到他们获得大奖的机会很小，但他们会认为购买彩票至少不会亏本。

另外，彩票广告中常常会提到“本周将会开出 50,000 份奖项”或者一些类似的宣传语。正如我们在第 9 章中所说的一样，把奖项的数量说得很多会立即引起人们的注意。分母忽略效应会使人们忽视真正获奖机会的大小。实际上，获奖的机会可能只不过是 1/70。

水果机就是按照上述的分次支付机制运行的，即先提供较大的机会让人们赢点小钱，但是想要赢个大的就难上加难了。刚开始，人们可能会赢得少量奖励，这会让人们想继续尝试，可是最终会让他们失去更多。

更高的概率

有时，知道某件事情将要发生的概率非常有用。我们或许还想知道：

- **A 或者 B 发生的概率**
- **A 和 B 同时发生的概率**

想要计算 A 或 B 只有一个发生的概率，我们只要把两者的概率相加就可以了。

而想要计算 A 和 B 同时发生的概率，我们就需要将两者的概率相乘。

假设你正在同时申请两份工作。第一份工作一共有五位（包括你在内）具备同样良好资质的申请者，因此你获得这份工作的概率就是 1/5，或者说 0.2。而第二份工作只有四位符合条件的申请者，所以你得到工作的概率是 1/4，或者说 0.25。

那么你得到其中一份（也可能同时得到两份）工作的概率是：

0.2+0.25=0.45（45%）

而你同时获得两份工作的概率是：

0.2×0.25=0.05（5%）

由此可以看出，你只获得一份工作的概率是你同时获得两份工作的8倍。

你只获得一份工作，而不是同时获得两份工作的概率，是你获得一份或两份工作的概率与你同时获得两份工作的概率之差，即：

0.45–0.05=0.4（40%）

那么最有可能出现的情况是两份工作你都得不到（很遗憾），另外一种可能出现的情况是你可能只会获得到两份工作中的一份。

不止一种方式

想想抛硬币和掷骰子，我们很容易从中明白计算概率的原则。

抛硬币最明显：它要么正面着地，要么反面着地。假设它的材质均匀，并且落地时一面着地的可能性相同，那么任意一面朝上的概率是1/2（0.5或者50%）。如果我们把硬币抛出两次，正面或者反面着地都有可能。两次抛硬币的概率为：

第一次抛	正面		反面	
第二次抛	正面	反面	正面	反面

这有可能有四种结果：正面，然后正面；正面，然后反面；反面，然后正面；反面，然后反面。很多时候，我们都会把“先正面后反面”或者“先反面后正面”看作同一种状态。由此可知，两次都出现正面的概率是1/4；两次都出现反面的概率也是1/4；而正面

一次、反面一次的概率则为 1/2。

如果我们将硬币抛更多次，那么可能出现的结果就会更多，而多次抛出同一面朝上的概率——都是正面或者都是反面——就会降低。抛 n 次，而每次都是正面落地的概率可以表示为（1/2）^{n}。同样，每次都是反面的概率也是（1/2）^{n}。

抛硬币次数	全是正面的概率
1	1/2
2	1/4
3	1/8
4	1/16
5	1/32
6	1/64

要么全是正面，要么全是反面的概率则为 2×（1/2）^{n}，也可以表示为 $1/2^{n-1}$：

抛硬币的次数	全是正面或全是反面的概率
1	1
2	1/2
3	1/4
4	1/8
5	1/16
6	1/32

6 选 1

如果是掷骰子，问题会更复杂些，因为每掷一次骰子，都有六种可能的结果。不过计算方法还是一样，但是现在需要使用6的幂次方，即6^n。每次都掷出5（或者掷出任何其他指定数字）的概率如右表所示。

抛掷次数	全是5的概率
1	1/6
2	1/36
3	1/216
4	1/1,296
5	1/7,776
6	1/46,656

如果你同时掷两个骰子，那么每次都出现一样的两个数字组合的概率为（6^{2n}）$^{-1}$。

只要你掷的次数超过一次，那么想要计算每次两个骰子的总点数的概率就会非常复杂。这是因为每个总点数都可能会有好多不同的组合方式（如下表所示）。

2	1+1					
3	1+2	2+1				
4	2+2	1+3	3+1			
5	1+4	2+3	3+2	4+1		
6	1+5	2+4	3+3	4+2	5+1	
7	1+6	2+5	3+4	4+3	5+2	6+1
8	2+6	3+5	4+4	5+3	6+2	
9	3+6	4+5	5+4	6+3		
10	4+6	5+5	6+4			
11	5+6	6+5				
12	6+6					

当你同时掷两个骰子时，你最可能得到的总点数就是 7，因为可以有六种方式得到 7。这意味着总点数为 7 的概率是 6/36，或者是 1/6。如果你要在掷骰子游戏中选择骰子的总点数，那么 7 可能是最好的选择。

帮你作决策

19 世纪，精神病学家西格蒙德·弗洛伊德（Sigmund Freud）曾经鼓励那些认为自己无法作决定的人使用抛硬币的方法来帮助自己作出生活中那些艰难的选择。他并不是主张要把重要的决策权交给命运，而是希望硬币会帮助人们认清自己真正的渴望。“我想让你做的实际上是注意到硬币的指向，然后看看你自己的反应。问问你自己：是高兴，还是难过？这将帮助你审视自己的内心，了解自己真正的感受。然后，以此作为基础下定决心，作出正确的决策。”

THE 15-MINUTE MATHEMATICIAN

第 21 章

你的生日是哪天

如果一个屋子中有 30 个人，那么至少有两个人是同一天生日的可能性会很大。

刚才提到的那个统计学例子很难让人相信，它好像有悖于我们的直观感受。

频率学者眼中的生日

看待概率有两种不同的方法，一种是使用我们在第 20 章中介绍的方法来看待概率，这被称为频率学派的方法。而另一种则是贝叶斯学派的方法，它是由英国数学家托马斯·贝叶斯（Thomas Bayes，1702—1761）提出的。这种方法要比频率学派的方法复杂一些。

一年有 365 天（忽略闰年）。所以，一个人的生日落在某一天的概率将是 1/365。如果你想和另一个人比较生日，那么那个人与你同一天生日的概率将是：

1/365=0.0027

但是别忘了，我们不仅对你一个人的生日感兴趣。屋子中一共有 30 个人，这 30 个人可能会产生 30 × 29（或者 870）种可能的生日配对。现在你能明白为什么其中两人的生日是同一天的可能性会那么大了吧。

反向考虑问题

不考虑两人是同一天生日的概率，我们先考虑下 30 个人中两人生日不是同一天的概率。

当只有两个人的时候，他们生日不是同一天的概率为：

1-1/365=364/365=0.997

如果我们增加一个人，由于之前的两个人的生日已经各占了一天，所以第三个人只有 363 天可选。因此，三个人生日都不相同的概率为：

364/365 × 363/365=0.992

再加一个人，那么这四个人生日都不相同的概率就变成了：

364/365 × 363/365 × 362/365=0.984

我们不是数字

尽管每个人的生日看上去是个随机事件，但实际上它们并不是那么毫无规律。孩子出生通常都是在母亲受孕 9 个月之后发生的，而受孕率在一年中的各个月份是不同的，九月份的出生率相对最高。而我们在进行基于频率学派的生日概率计算时，并没有考虑到这点。

照此继续下去。直到我们凑齐了 30 个人，这时，这些人生日都不相同的概率就是 0.294，大概是 30%。反过来看，也就是说至少有两个人的生日是同一天的可能性是 70%。按照这种方法计算，当屋中有 23 个人的时候，至少有两个人同一天生日的概率就恰好为 50%。而当屋中人数增加到 57 个人的时候，至少有两个人同一天生日相同的概率就可以达到 99%。

另一种反向考虑的方法

贝叶斯学派处理概率问题的方法与频率学派完全不同。他们能够由一组已知概率推算出其他相关概率。

贝叶斯定理可以用下式表示：

$$P(A|B)=\frac{P(B|A)\,P(A)}{P(B)}$$

比如，某位政治独裁者是一位素食主义者，那么独裁主义与素食主义之间是否存在着什么联系呢？如果我们收集并研究一些关于全世界范围内领导人推崇素食主义和独裁主义的信息，那么我们就可以借由贝叶斯定理来研究这个问题。

假设我们发现 60% 的独裁者都是素食主义者（P=0.6），那么这可能暗示了两者之间有很密切的联系。但是，为了确定两者之间确实存在这种联系，我们还需要算出在素食主义者中会有多少比例的人会是独裁者。假设我们发现在所有领导人中有 20% 的人是素食主义者（P=0.2），有 5% 的人是独裁者（P=0.05）。

$$P（\text{素食者}\,|\,\text{独裁者}）=\frac{P（\text{素食者}\,|\,\text{独裁者}）P（\text{独裁者}）}{P（\text{素食者}）}$$

将具体的数值带入公式得：

$$P（\text{素食者}\,|\,\text{独裁者}）=\frac{0.6\times0.05}{0.2}=15\%$$

这个结果很有用：尽管一位独裁者是素食者的概率是 60%，但一位奉行素食主义的领导人成为独裁者的概率只有 15%。这个结果

贝叶斯的坦克

第二次世界大战时，同盟国想要通过已缴获或者被摧毁的德军坦克的数量来推算出德军生产坦克的能力。他们决定采用贝叶斯方法来分析数据。首先，他们通过分析生产出两辆坦克共 64 个轮子所需要使用的模具数量。此时，同盟国已经掌握了每组模具在一个月时间内能够生产出的轮子的数量，所以他们可以根据生产一辆坦克所需的 64 个轮子的配比推算出总共需要的模具数量。以此为基础，他们推算出德军在 1944 年 2 月总共建造了 270 辆坦克，这一结果远超出他们之前的预估。另外，他们也尝试使用贝叶斯方法并根据缴获坦克的序列号来计算坦克的数量，结果也是令人吃惊的准确。

将统计分析的结果与德军记录（战后）进行比较后发现，利用统计方法获得的军事信息甚至比收集的情报可靠得多。

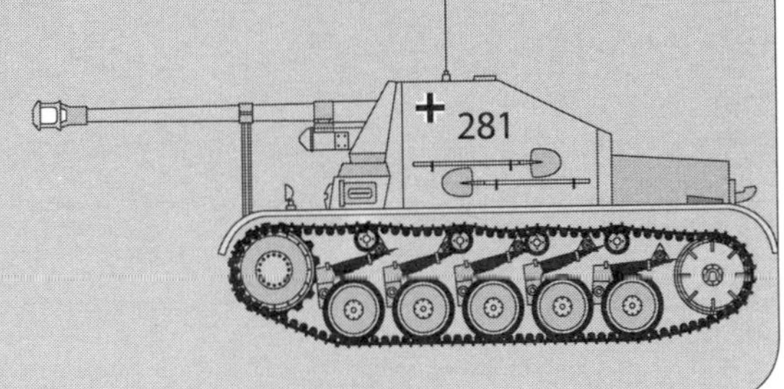

会让人觉得有些担忧，因为毕竟不论素食与否，一位领导人成为独裁者的比例只有 5%，要小于 15%。不过，不应该为此而实行大范围的禁令，来禁止素食主义者成为领导人。

（这个例子完全是虚构的，我并没有任何冒犯素食主义者或是领导人的意思。我本人就是一个素食者，但我并不是个领导人。）

终点在哪里

我们可以用贝叶斯公式来计算人类在地球上存在的可能期限，这被称为“末日争论”问题。第一个尝试计算出末日期限的人是澳大利亚物理学家布兰登·卡特（Brandon Carter）。1983 年，他以当时地球上的人口数目 60 亿作为基础来推算人类还可能存活多长时间。当然，他使用的数据值可能有点偏低。在此基础上，他得到的结论是有 95% 的可能性，人类还可以再生存 9120 年（截至目前，我们可能只剩下大约 9100 年了）。

第 22 章

值得去冒险吗

只有那些甘愿冒险不断前行的人，才能清楚地了解自己可以走多远。

——T.S. 艾略特

英国诗人

我们对风险的感知十分微妙，而且经常与数学上的风险不一致。这种感知受到各种心理因素的影响，比如熟悉或陌生、不可知因素（关于风险）、自己对风险的控制度、回报过少、避免风险要付出的代价、危险的紧迫性以及危险可能导致的结果等。

活着本来就很危险

按理来说，如果某项活动似乎有相对较高的死亡风险或受重伤的风险，人们通常会选择回避。不过喜欢飙车、吸烟以及暴饮暴食的人却不在少数。另一方面，2014 至 2015 年爆发的埃博拉病毒让美国和欧洲的人们陷入了极度恐慌。虽然病毒只在非洲六国传播，而且他们可能从来都没有去过这些国家。不过，埃博拉病毒的确展现出了一种可怕的疾病所具备的所有特征：

- 感染者具有超过 50% 的死亡率；
- 疾病让人感到恐惧；
- 大多数人并不了解这种病毒；

- 媒体覆盖率非常高；
- 疾病的肆意传播让人觉得难以控制（当然，实际上没有那么“肆意”，起码在 5000 公里以外还不会被传染）。

还有很多其他未知因素。例如，埃博拉会逃离非洲大陆吗？在出现变异之前，它可以在人与人之间传播吗？规避埃博拉病毒风险的代价并不大，比如不去非洲、不在接收埃博拉病人的医院停留、不接触埃博拉病人的尸体等。尽管大多数人并没有处于很大的风险之中，生活也并没有受到太大影响，但是他们还是陷入了对埃博拉病毒的担忧。

而另一方面，开车是一件有着高风险的事情。我们可以熟练地开车，也觉得自己可以控制车辆，尽管这种感觉可能并不真实（我们无法控制其他的驾车者）。当然，媒体并没有对交通事故进行过多的报道，因为交通事故非常常见，但正因为常见，才说明开车有高风险性。大多数人并不害怕开车出行，反而不开车会让他们觉得非常不方便。

很戏剧化，却低风险

对人类来说，最致命的动物或许和你想的并不一样，不是鲨鱼、老虎、河马或者任何其他大型动物，甚至不是狗，而是小小的蚊子。蚊子通过传播疟疾和其他疾病，一年可以杀死超过 50 万人。尽管如此，很多人还是会认为在巴西沿着河岸散步要比在鲨鱼出没的澳大利亚海岸游泳安全得多。溺亡的危险实际上要比受到鲨鱼攻击的危险高出 3300 倍。所以用个不恰当的比喻，如果你在水中游了很长时间，没有出现任何问题，甚至还遇见了一条鲨鱼，那么你应该为自己的幸运鼓掌。

那些比鲨鱼更危险的动物

在世界范围内，平均每年大约会有 6 个人死于鲨鱼之口。而下面的动物比鲨鱼更危险：

蛇（每年会导致 70,000 人死亡）

狗（每年会导致 60,000 人死亡）

蜜蜂（每年会导致 50,000 人死亡）

河马（每年会导致 2 900 人死亡）

蚂蚁（每年会导致 900 人死亡）

海蜇（每年会导致 100 ~ 500 人死亡）

用数字来描述危险

数字可以用来描述危险，不过在大多数情况下，数字需要在一定的情境中使用才能展现出其意义。以下的两组数字与美国道路的交通死亡率有关：

- 1950 年，有 33,186 人死于交通事故；
- 2013 年，有 32,719 人死于交通事故。

乍看上去，自 1950 年以来，美国的道路交通安全问题似乎并没有太大的改观。这种看法略显悲观。不过，如果我们考虑下其他因素，或许这些数字会更有意义。我们可以看一下两个时期的人口总量，这样可能会有一个更清晰的认识。1950 年，美国人口大概有

1.52 亿人；而 2013 年，美国人口达到了 3.16 亿，是 1950 年的两倍还多。如果我们用死亡人数除以人口总量，那么结果看上去就会有一个明显的变化。

年份	死亡人数	人口数	死亡人数 / 100,000
1950	33,186	152,000,000	21.8
2013	32,719	316,000,000	10.3

如果我们再看下这两年间机动车行驶的总里程数，那么两组数字将会呈现出更大的变化。

年份	死亡人数	人口数	十亿英里机动车里程数	死亡人数/100,000人	死亡人数/100,000,000机动车英里
1950	33,186	152m	458	21.8	7.2
2013	32,719	316m	2,946	10.3	1.1

1950 年，驾车风险要比 2013 年高出七倍。也就是说，到 2013 年为止，驾车风险已经降低了 85%。

1/1,000,000

风险分析家将 1/1,000,000 的死亡概率称为微死亡（micromort）。如果你正在思考如何进城或者如何去上班，那么你就需要比较乘坐不同交通工具出行的风险，你可以使用“微死亡”来计算下你可能会在多少千米之后遇到一次致命的交通事故。

从下表中可以看出，乘坐火车是最安全的出行方式，而摩托车是最危险的。

交通工具	公里/微死亡
火车	9656千米
汽车	370千米
自行车	32千米
步行	27千米
摩托车	10千米

长期性风险和严重性风险

从楼梯跌落并且摔断脖子，这类风险被称为严重性风险——一旦发生，就会立刻要了你的命。如果你安全走下楼梯，那么恭喜你，风险已经过去（从目前来看），它对你并没有产生什么不良影响，除了可能会让你产生一点儿焦虑外。

长期吸烟可能导致肺癌，这类风险是长期性风险，它是一个随着时间推移，慢慢发生变化的过程。你并不会因为下午吸了一根烟而丢掉性命，但是这根烟会与你之前抽过的那些烟一起令你英年早逝。因此，长期性风险是一个积累的过程，每一根烟都会增加你患肺癌或者其他疾病的风险。

微生命与微死亡

与微死亡相对的是微生命（microlife）——生命周期的1/1,000,000。对一个年轻的成年人来说，微生命平均只有大概半小时。微生命的代价可以更好地描述长期性风险。吸一支烟大概花费1微生命。当然，这不是直接可以画等号的代价，它只是描述了风险的大小。如果我们把吸一定数量烟的人群的平均寿命与不吸烟的人群的平均寿命进行比较，就可以计算出平均一根烟所要消耗掉的微生命。当然，事事都没有那么绝对，有些人一天可能要抽 20 根烟，但他们仍旧能够活到 90 多岁。

使用微死亡来计算一项活动的急性风险与使用微生命来计算慢性风险的一个最重要的区别就是，使用微生命计算代价需要不断累积，而使用微死亡计算风险时，当我们有幸躲过风险时，微死亡就要重新归零。

风险无处不在

另一种衡量风险的方法就是将一个风险与某个基线风险进行比较，这个基线风险你曾经经历过，但幸运地活了下来。每次驾驶滑翔机飞行时，可能因事故而死亡的概率大约是 1/116,000。而一位 30 岁的美国男性在某一天死亡的概率为 1/240,000。所以，如果他去乘坐滑翔机，那么他死亡的风险会增加三倍（因为他在原来的风险上又增加了新的风险，而不是用新风险替代了原来的风险）。

还有一种表示风险的方法就是时间，例如你持续不断地从事一项活动，直到你遭遇了不幸，那么从开始到遇难所用的时间就可以用来表示风险的大小。如果每次驾驶滑翔机的死亡概率为 1/116,000，换句话说，从第一次驾驶滑翔机开始，一直到第 116,000 次驾驶，你很可能会在这其中的某一次驾驶中丢掉性命。（并不一定是第 116,000 次驾驶，可能会是第 3 次，也可能是第 169 次。）尽管从总体平均的角度来说这个结论时成立的，但情况却并不总是这样。有诸多其他的因素在起作用。例如，刚学会驾驶滑翔机时的风险可能更高，因为那时驾驶员还不够熟练，而学习了很长时间之后，风险也会增加，因为这时驾驶员可能会麻痹大意。同样，每位驾驶员经验的不同也直接导致他们所面对风险的不同。

邮编与保费

保险公司并不会采用平均数来计算保额，而是会想尽办法将犯罪或者事故所造成的风险计算得更精细。他们会使用复杂的方法计算出哪些人面临的风险更高或者更低。这就是你家的邮政编码会对你缴纳的房屋保险、汽车保险或者其他保险的保费产生影响的原因。如果在你居住的区域经常会发生入室抢劫，那么保险公司会认为你家遭遇入室抢劫的风险比较高，因此会向你索要更多的保费。

被提高或者被降低了的风险

通常情况下，为了比较的方便，我们都会采用倍数或者百分数来表示风险。这种形式虽然很有说服力，但是如果我们不参考绝对数，那么就会很容易被误导。例如一则广告说：“每吃一粒药丸，你患脚趾甲癌的危险就会降低一半。”听上去，购买这种药会非常划算。不过，如果患脚趾甲癌的概率只有 1/200,000,000，那么风险减半就会是 1/400,000,000，如此低的风险实际上并不值得我们花钱。可以这样说，你偶然花钱买这种药的概率都要比你患脚趾甲癌的概率要高。

被误解的风险

有一些风险并不能像我们想的那样可以得到精确的测量。如果我们试图基于你之前的经历来预测你可能在交通事故中死亡的风险，那么这个风险将会是0，因为你从未在道路交通事故中死亡。

对于风险，我们有两种常见的误解，这两种情况会出现在以下的两句话中：

“我这样做已经很多年了，从未出过错，所以我确信这样做没错。”

“到目前为止，你一直都很走运，不过你的运气终将耗尽。”

从某种意义上说，第一句话隐约有些贝叶斯估算的味道。如果我们并不知道统计风险，我们可以从之前的经历中进行推断。不过这并不是一个好主意，尤其是当面对的问题与死亡风险有关的时候。当然，可以确定的是，你一定在之前的事故中一切安好，因为你还活着。利用之前并没有导致你死亡的事件来推测你做某件冒险之事的风险，你得到的结论一定会是你将毫发无损。难道你这次没有死亡，是因为你上次没有死亡吗？我们可以反过来想想这个问题，那么得到的结论将是：你这次很可能会死亡，原因恰恰是因为上次你没死。

第二句话在很多情况下也是错误的。一个赌徒会在赌博过程中始终押注在同一个数上，因为他觉得这个数迟早会出现。但这样做并不明智，因为每次押注数字出现的概率都是一样的，无论这个数之前是否出现过。你抛出骰子，那么 6 点朝上的概率就是 1/6。如果你这次抛出骰子得到一个 6 点，那么你下次抛骰子得到 6 点的概率仍然是 1/6。所以，在风险各自独立的事件中，如果一个人说“我已经有很多年都没失过手了”，那么这并无法说明他下一次究竟是“失手”还是“得手”。

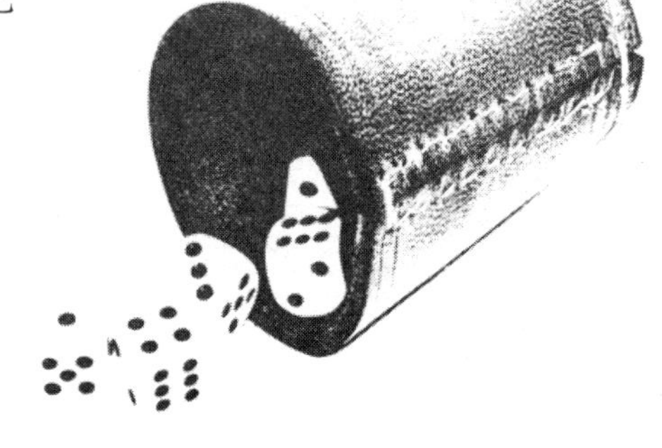

第 23 章

菠萝懂得多少数学

或许这个世界原本应该被兔子占领。

中世纪数学家斐波那契（Fibonacci）发现了一组数字序列，这组序列可以解释很多自然现象的出现原因，其中就包括了兔子的繁殖。

兔子的繁殖

斐波那契解决问题所使用的数学方法实际上在几个世纪前就已经被印度数学家们所熟知了，但这些方法对于当时的欧洲来说却是全新的。这个问题就是：

如果你饲养了两只兔子，假设条件理想，那么兔子会如何繁殖呢?

理想的条件包括：

- 最初的两只兔子性别不同，且到了适婚的年龄，它们彼此相爱，身体健康，具备生育能力。

- 每只母兔每个月生产一次，一次生两只兔子，一公一母。
- 小兔子会在受孕后一个月出生，而新出生的小兔子还需要一个月时间变成熟。
- 所有兔子都不会死亡。

最后一条把理想条件推向了极致。别太纠结于“理想”的定义究竟是什么了，毕竟这都是800年前的事了，现在再去挑毛病实在是为时已晚。

所以，让我们把最初的两只兔子放回田野，就让它们像“兔子”那样去繁殖吧。在放归田野一个月后，仍旧只有最初的那一对兔子能够生育，不过它们已经有了第一对宝宝。兔子的繁衍大幕即将开启。

在第二个月结束的时候，可以生育的兔子就变成了两对，即最初的那对以及它们现在已经长大成年的第一对宝宝。这时，最初的那对兔子又有了新的宝宝，而它们的第一对兔宝宝也加入了繁殖大业。

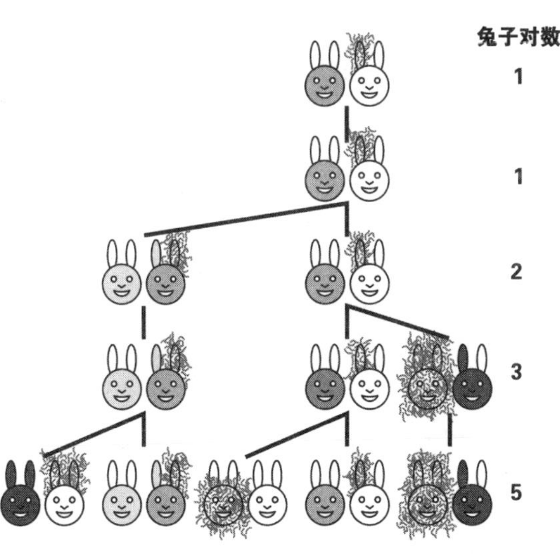

接下来的一个月，可以生育的兔子就变成了三对：最初的那对、它们的第一对宝宝以及第二对宝宝。

再过一个月，最初的那对兔子以及它们

的第一对宝宝都有了一对新的宝宝（尚未发育成熟），而最初那对兔子的第二对宝宝也开始准备生育了。兔子家族就这样开始壮大起来。

如此下去，兔子对数将会逐月发生变化，组成以下一组数列：

1，1，2，3，5，8，13，21，34……

这组数字乍看上去并不是那么有趣，就像一个一个突然蹦出来一样。它们的规律性可能不大容易被看出来，但这种规律性确实存在。如果我们把数列中的数字两两加起来就会发现，数列中每一个新的数字都是它前面两个数字之和：

1 + 1 = 2
1 + 2 = 3
2 + 3 = 5
3 + 5 = 8
5 + 8 = 13
8 + 13 = 21

这组数列被称为斐波那契数列（Fibonacci sequence）。

如果我们将斐波那契数列中的第 n 个数表示为 F（n），那么斐波那契数列中每一位数字的通式就可以表示为：

$$F(n)=F(n-1)+F(n-2)$$

让我们通过一个例子来看看这个通式是如何使用的。如果我们想求出数列中的第 8 个数，那么通式将变为：

F（8）=F（7）+（F6）

21=13+8

随着 n 的增大，在斐波那契数列中，数与数之间的间隔会变得越来越大，例如：

F(38) = 39,088,169
F(39) = 63,245,986

所以

F(40) = 39,088,169 + 63,245,986 = 102,334,155

由此可见，斐波那契数列中的数字会急剧地增大，到 F（20,000,000）的时候就已经超过 400 万位数字了。

如果我们假定，800 年前，斐波那契（如右图所示）在 800 年前在田野中放了两只兔子，那么现在这两只兔子已经 800 岁了，兔子们有 800 × 12 = 9,600 个月的时间来成长，兔子家族真的太壮大了。F（9600）这一数字将会超过 2,000 位数字，所以如果发展到现在的话，兔子家族的数量一定会超过 10^{2000} 对，也就是 10^{20}googol 对。这个数目甚至比宇宙中原子的总量还要多。好吧，如果一切还来得及，就快点想办法阻止兔子们继续繁殖吧。

蜜蜂的家谱

兔子的例子完全是想象出来的，不过在现实中，还是有一些物种能够准确地展现出斐波那契数列的特征的。如果我们观察蜜蜂的繁衍过程，那么就会发现，每一只幼蜂的祖先数目将会呈现出斐波那契数列的形式。由于公蜂是由未受精卵子孵化的，因此每只公蜂的祖先只会有母亲这一只蜜蜂；而母蜂的祖先是父亲和母亲两只蜜蜂。所以，如果我们从一只公蜂开始绘制蜜蜂家族的图谱，就会得到如右图所示的这样一个蜜蜂家谱树。

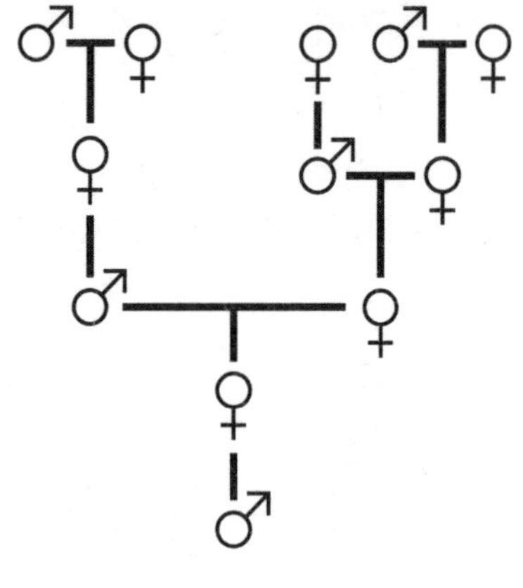

按图索骥，把每只蜜蜂的祖先加起来，我们将会得到下面的表格。

	一代祖先	二代祖先	三代祖先	四代祖先	五代祖先
公蜂	1	2	3	5	8
母蜂	2	3	5	8	13

尽管母蜂有优势，但是它也只不过是按照数列稍微提前一点开始罢了，后面的数字和斐波那契数列都是一样的。

植物的抽枝发芽

很多植物长出新枝或者新叶的方式也同样遵循斐波那契数列。树枝是一级一级生长的，每一枝上会长出新的旁支，一段时间后，这些旁支上又会出现新的旁支。如此反复，每一级的枝数会正好排列成斐波那契数列的形式。

花朵的花瓣数目也同样遵循斐波那契数列。另外，大多数水果的分区数也遵循着斐波那契数列（比如香蕉有 3 个分区，苹果有 5

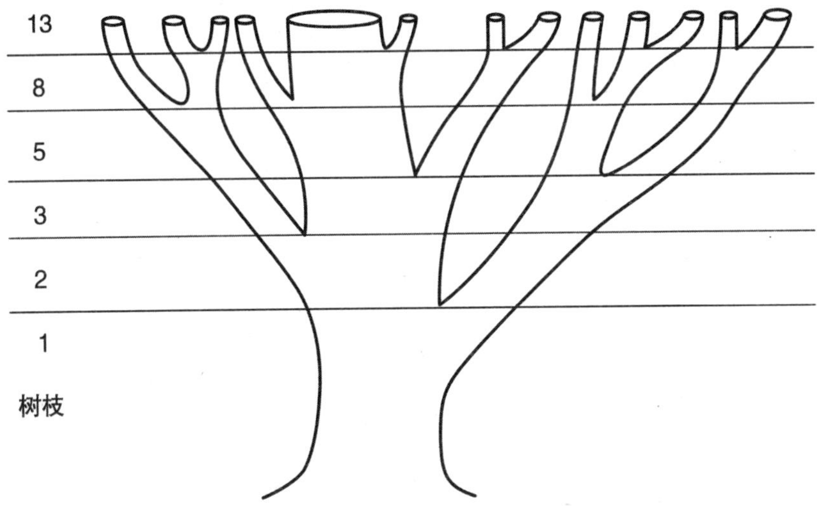

个分区）。

斐波那契数列甚至会出现在我们的身体上。比如，我们手指各骨节长度间的比例就正好是斐波那契数列。

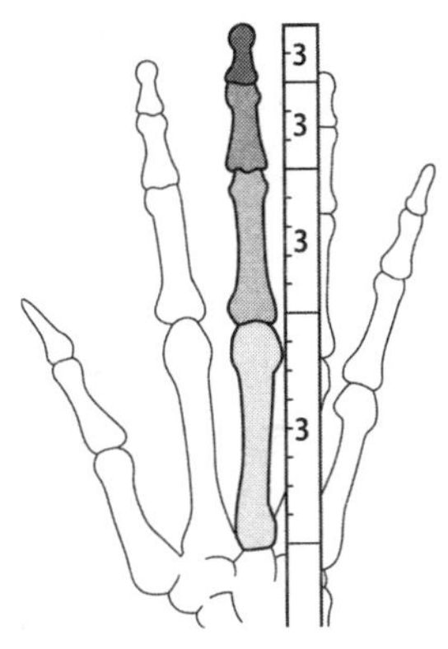

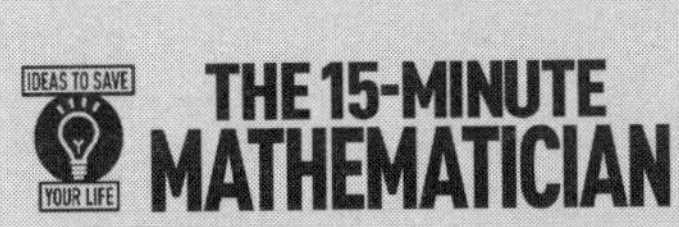

第 24 章

存在完美的形状吗

我们会在大自然中发现很多奇怪的形状，不过，其中有一些形状还是相当漂亮的。

斐波那契数列和分形都展现出了一种排列方式。这种方式看上去似乎漫不经心，但实则构造精美。自然界很多现象的背后都隐藏着这种数学上的排列方式。

矩形与螺旋

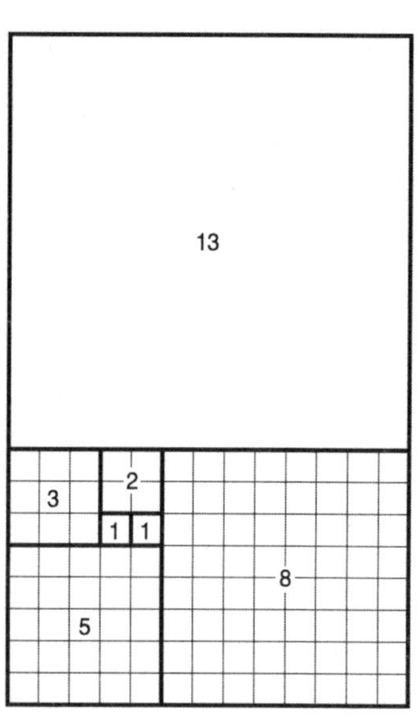

让我们做个小实验，来看看那些落入某种模式的数字。首先，画出一个单位小正方形（边长 1 厘米，当然你也可以选择其他长度）。然后，在它旁边并排再画一个同样大小的正方形。接着，再以两个正方形合成的那条边为一边，画一个新的正方形（新正方形的边长为 2 厘米），此时已画出的正方形所合成的边长将达到 3 厘米，再以该合成边为一边，画出一个新的正方形。按照这种方式不断画下去，直到纸张用完或你的热情已被耗尽。

你是否已经注意到了各个正方形边长所构成的序列？

1,1,2,3,5,8,13…

恰好又是斐波那契数列。

现在，让我们以次数为基础，再画出一条螺旋线。只要按先后顺序，依次用曲线连接各正方形的对角就可以了。

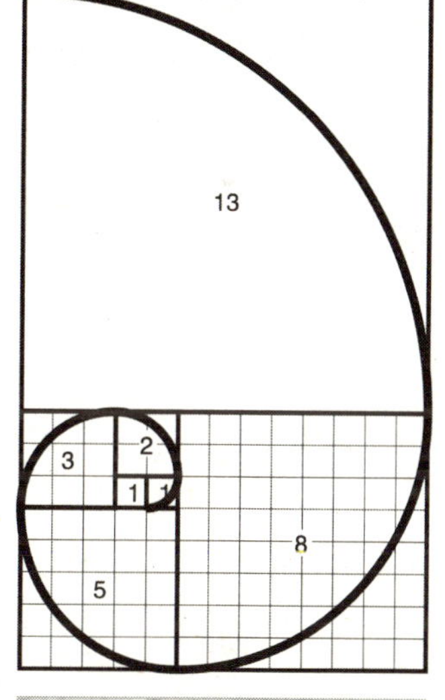

这条曲线被称为黄金螺旋（Golden Spiral）。很多植物的叶子会从不同的角度长出，这种生长方式正好符合黄金螺旋。叶子在茎上排列的方式被称为叶序，这种现象一直深深吸引着植物学家。

任意将一片叶子作为起点，盘旋而上，直到上方另一片叶子的着生点恰好与起点叶的着生点重合，将其作为终点叶。那么叶子生长将会展现出两组斐波那契数：一种是从起点叶到终点叶之间茎的缠绕周数；另一种是起点叶与终点叶之间的叶片数目。

如此，每片叶子之间的夹角接近 137.5°。这种排列方式会使每片叶子都有最大的可能性获得光照。这也是这种叶片排列方式在植物中会如此普遍存在的原因。

翻滚吧，螺旋

我们还经常会遇到这种现象，即几条黄金螺旋线交织在一起。很多植物花头上的种子就呈现出这样的排列方式，而且松果上的鳞片就是由两组反向相绕的黄金螺旋线构成的。向日葵的花盘也是由两组方向不同（一组是顺时针方向，一组是逆时针方向）的螺旋线交织在一起构成的，而每组螺旋线都是一个斐波那契数列，而且种子的总数也是一个斐波那契数列。这种空间分配的方式非常有效，它可以让向日葵最大限度地把种子安放在一个圆形的花盘中。

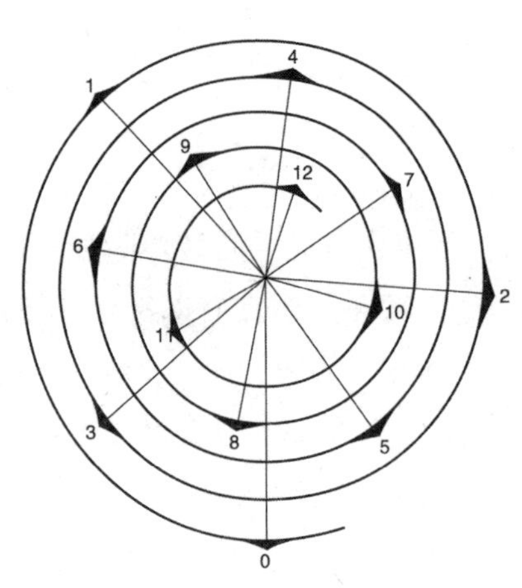

在所有植物中，最聪明的或许就是菠萝了。这个家伙浑身布满了六边形的铠甲。如果将每一个甲片连接起来，我们会发现它们构成了三条不同的螺旋线：一条稍微倾斜些，绕菠萝转了 8 圈；一条更为倾斜，绕菠萝转了 13 圈；最后一条就几乎垂直地绕菠萝转了 21 圈。

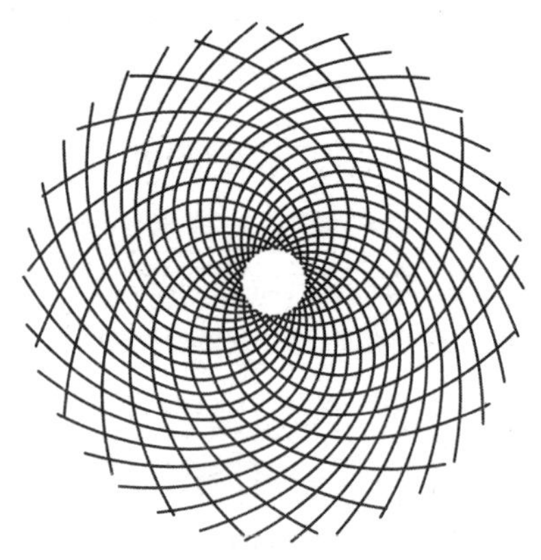

菠萝的叶子也以另外一种形式展现出了斐波那契数列。在垂直方向上相互重合的起点叶和终点叶之间共有 13 片叶

子，这些叶子绕茎总共缠绕了 5 周。菠萝的果实和叶子分别有两种形式的黄金螺旋，这两种螺旋是由不同的荷尔蒙控制的，它们会在菠萝生长的不同阶段适时转换，保证菠萝结出美味的果实。

黄金矩形

矩形有多种变化，它们或长或短，或胖或瘦，不过确实有一些矩形让人觉得很漂亮，我们把它们称为黄金矩形。

一个黄金矩形的短边与长边之比近似为 1∶1.61803。数字 1.61803…是个无理数（小数部分会无限延续），通常用希腊字母 Φ 来表示。

这个无理数并不是随机的，它最早是由欧几里得在公元前 300 年提出来的。那么这个数字是如何得来的呢？

假设一条直线被分成两段，其中一段比另一段长，这似乎并不困难，但困难的是，对这种划分还有更精确的要求，即要求长的那段与短的那段必须满足特殊的比例要求，这个比例被称为黄金比例。如果按这个比例切分直线就可以保证：

短的那段∶长的那段

等于

长的那段：整条直线

如果用数学语言来描述，则可以用 a 和 b 来分别代表被切分后的线段长，那么，整条直线的长度可以用 $a+b$ 来表示。由于切割后的直线需要满足黄金比例，因此就一定会有 $a:b$ 等于 $a:(a+b)$。

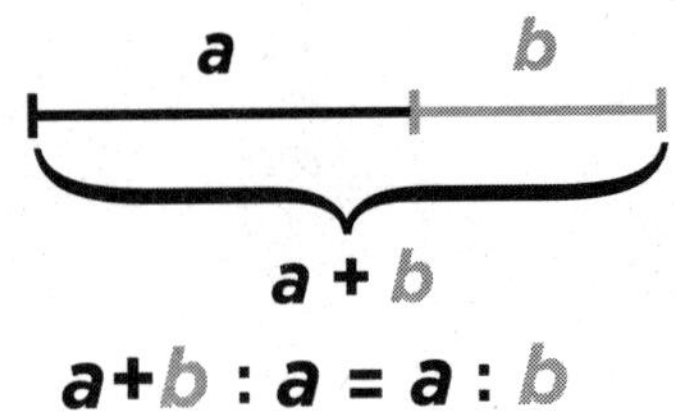

也就是说，

$$\frac{a+b}{a} = \frac{a}{b} = \Phi$$

通过一些数学推导，我们可以求得以下的比例值。推导的过程虽然需要些技巧，不过整个思路还是比较简捷的（具体的推导过程见下文）

$$1:\frac{1+\sqrt{5}}{2}$$

> “如果直线经过切割后，整条直线与较长一段之比等于较长一段与较短一段之比，那么就可以说这条直线已经被按照黄金比例切割了。
>
> 欧几里得，《几何原本》”

计算 Φ

让我们从$\frac{a+b}{a}$开始。

我们已知它等于 a/b，还等于 Φ。

由于$\frac{a}{b}=\Phi$，那么显然可以得到$\frac{b}{a}=\frac{1}{\Phi}$。因此，可以将最初的表达式化简为：

$$\frac{a+b}{a}=1+\frac{b}{a}=1+\frac{1}{\Phi}$$

进一步可得，

$$1+\frac{1}{\Phi}=\Phi$$

等号两边同时乘以 Φ 可得：

$$\Phi+1=\Phi^2$$

重新整理下等式可得：

$$\Phi^2-\Phi-1=0$$

这是个一元二次方程，所以我们可以用一元二次方程求解公式来求得 Φ：

$$x=\frac{-b\pm\sqrt{b^2-4ac}}{2a} \qquad \underset{a}{x^2}+\underset{b}{2x}+\underset{c}{1}=0$$

其中（a=1，b=−1，c=−1）

又因为 Φ 是两个正数之比，因此必定也是个正数。由此可以得出最后的解：

$$\Phi=\frac{1+\sqrt{5}}{2}=1.6180339887\cdots$$

分割，但保持不变

由黄金比例定义出的黄金矩形也是非常特别的。如果我们画出一个如下图所示的黄金矩形，然后从它的一边分割出一个正方形（边长为 a，a），那么你会发现剩下的部分仍然是一个黄金矩形（b，a）。

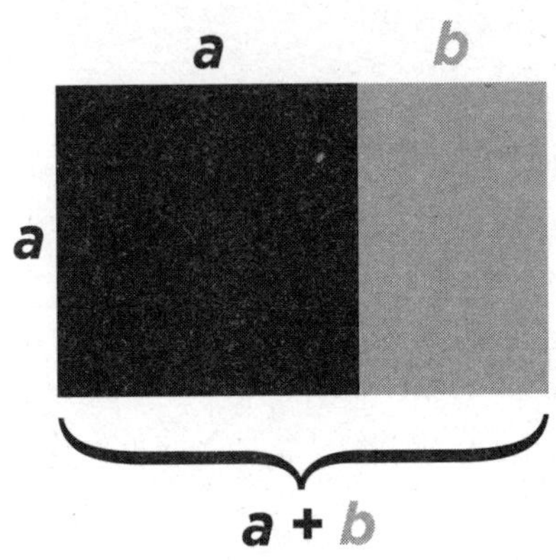

也就是说，矩形的两边之比仍然会是 1∶Φ。如果继续分割，那么你得到的黄金矩形也会越来越小。

黄金矩形被认为是长宽比例最令人感觉舒服的矩形。在自然界中也有很多黄金矩形的例子，甚至我们的人体中就存在着黄金矩形。另外，人类在艺术和建筑中使用黄金矩形的历史也已经有数千年了。

黄金，更多的黄金

既然有黄金螺旋，还有黄金比例和矩形，那么我们很自然地就会产生疑问，它们之间是否存在着某种联系呢？当然，答案是肯定的。如果我们将任意一个斐波那契数除以数列中恰好位于它前面的那一位斐波那契数，那么得到的值将趋近于 Φ。在数列一开始，这种趋势还不算明显：

1/2 ÷ 1/3=1.5

1/3 ÷ 1/5=1.667

但是随着斐波那契数列逐渐延伸，这个值会越来越接近 Φ：

102,334,155 ÷ 63,245,986 = 1.61803

另外一个有趣的结果是，如果我们用任意一个斐波那契数除以数列中它的后一个数，那么这个值将会趋近于 Φ−1：

63,245,986 ÷ 102,334,155 = 0.61803

这个数字恰好是 Φ 的小数部分，有时我们也将它用小写的 ϕ 来表示。由此我们可以得出结论，这个世界确实存在一些讨人喜欢的形状。

第 25 章

数字正在变得不可控吗

数字能够以惊人的速度增长。

有这样一个传说：印度国王特别喜欢国际象棋，于是他决定给发明国际象棋的人一个奖励。奖励由发明者自己选定。原本可以要巨额财富的发明者却只提出了一个看上去很简单的要求。他要求国王在国际象棋棋盘的第一个方格中放 1 粒米，然后在第二个方格中放 2 粒米，接着在第三个方格中放 4 粒米，依次放下去，每次在方格中放置的米粒的数量都是上一个方格的两倍，直到在棋盘上所有的方格中放好米。最初，国王还有些疑惑，觉得发明者为什么要的这么少，不过他还是很高兴地准许了。但是，等到真正兑现奖励的时候，国王有些追悔莫及。

很快，小方格中就再也放不下堆得像小山一样的米了，接着整个棋盘也放不下了，再接下来，整个宫殿也放不下了，最后整个印度都放不下了。如果国王最终兑现了承诺，

那么他将在最后一个方格中放 2^{63} 粒米，也就是 $2\times2\times2\times2\times\cdots$ 这样连续乘 63 次，这个数大约是 9,200,000,000,000,000,000。这么多米究竟要占多大的空间呢？这还要取决于所选的米的类型。如果是长粒米，每颗米粒的长度大概是 7 毫米，那么将这些米连成线，将会有 7 光年。这几乎等于去半人马座阿尔法星一个来回的路程了，也足够去太阳 215,000 个来回。

自我实现的预言

摩尔定律是以美国物理学家戈登·摩尔（Gordon Moore）的名字命名的。他是英特尔公司的联合创始人。他曾经预言，集成电路上可容纳的电晶体数目每隔两年就会翻一倍。这也经常被简单地表述为计算机的处理能力每隔两年就会提高一倍。

这个定律是在 1965 年提出来的，尽管摩尔觉得这条定律或许只会在 10 年内成立，但是在 50 年后，这条定律仍然适用。如今，对工业来说，它就像是一个挑战，能否满足摩尔定律已经成为一项指导生产的指标。

指数级增长

如果不是每次增加一个固定的量，而是以一定的倍数增长，那么数量增长的速度会变得非常快。东华盛顿大学（Eastern Washington University）城市规划专业的教授盖伯·佐瓦尼（Gabor Zovanyi）认为，如果 10,000 年前地球上只有一对夫妻，而且从那时起，地球每年人口都会增长 1%（这听上去有点古怪，不过别介意），那么发展到现在，我们将会成为一个巨大球体的一部分，球体的直径会有几千光年那么长，如果忽略相对论的话，这个球体径向扩张的速度将会是光速的好多倍。听上去，这或许并不会让人感觉那么有趣。兔子会按照斐波那契数列不停的繁殖是另一个数量呈指数级增长的例子，地球变成一个由兔子构成的球体的速度甚至要比变成由人构成的球体的速度还要快得多。

我们之间都有关系吗

让我们再次回到人口问题的研究上来。

我们每个人都会有两位父母，四位是祖父母，八位曾祖父母，由于这个数量是按照 2 的倍数增长的，因此如此追溯下去，用不了多久你就会发现，某一代祖先的数量将会比他们所处年代的地球人口还要多。如果我们假设 20 年为一代——对现在来说，这个时间有点短，不过放在过去，这可不算短了——按此计算，如果我们回到 1375 年，那么在那个年代，我们祖先的数量将会超过 40 亿，而那时的地球人口大约只有 3.8 亿。

而在 1450 年的某个时间点上，地球上的人口总数将恰好可以保证每个人都有机会成为一次你的祖先，当然，实际上这是不可能发生的事情。而在 1375 年，按照当时的人口计算，地球上的每个人都会在同一时间不止一次地成为你的祖先，当然他们也会不止一次成为我的祖先，同样，也会是你邻居的祖先……

你的祖先在哪里

祖先可能会有重复，这加剧了家族网络的复杂性。这种祖先重叠的现象也被称为谱系坍塌（pedigree collapse）。当表兄妹之间结婚的时候，这种现象就会发生，他们后代的曾祖父母的人数就会少于 8 位。谱系坍塌现象在一些小社区以及追求血统纯正的人群中经常出现。

耶鲁大学的统计学家约瑟夫·张（Joseph Chang）经过计算后得出结论，生活在那个时代并且有后代的人都会是现在生活在这一社区中的人的共同祖先。如此，那么现代欧洲人的共同祖先就应该生活在公元 600 年。换句话说，所有的欧洲原住民都是神圣罗马帝国的统治者查理曼大帝的后代（当然，他只是共同祖先之一，还有其他多位祖先）。通过对大量的欧洲人的 DNA 进行分析，这些统计学上的发现已经得到了进一步的证实。

让我们回到 3,400 年以前，那时地球上生活的每一个有后代的人都会是如今地球人类的共同祖先（理论上说是这样）。没错，你也许会与古埃及皇后娜芙蒂蒂（Nefertiti）有关系。

地球曾经有过多少人？

据估算，曾经在地球上生活过的人口总数大概在 1000~1150 亿之间。我们经常听到类似这样的报道：目前在地球上生活的人口总数比曾经在地球上生活过的人口总数的一半还要多。实际上，这种说法是不准确的，目前在地球上生活的人口总数大概只占到曾经在地球上生活过的人口总数的 6%~7%。

你喜欢借钱吗

数字并不是非得以 2 为倍数才可以实现快速增长。

我们最熟悉的按比率增长的例子就是银行的利息。如果我们存钱，我们就会是比率增长的受益人；反之，如果我们借钱，我们就必须为利率增长付出代价。银行和金融机构使用的是复利，这意味着，债务或者储蓄的利息会在一定周期（天、月或年）之后加入原来的基数，然后原有的利率会被应用到新的基数上从而算得新的利息。假如你在年利率为 3% 的时候存入了 1 000 美元，那么这些钱将会有多快的增长呢？

	起始余额（单位：美元）	利息（单位：美元）	终止余额（单位：美元）
1年	1000.00	30.00	1030.00
2年	1030.00	30.90	1060.90
3年	1060.90	31.83	1092.73
4年	1092.73	32.78	1125.51
5年	1125.51	33.77	1159.27
6年	1159.27	34.78	1194.05
7年	1194.05	35.82	1229.87
8年	1229.87	36.90	1266.77
9年	1266.77	38.00	1304.77
10年	1304.77	39.14	1343.92
…			
25年			2093.78

之所以利率对储户（和借款人）来说关系重大，是因为利率的变化会导致存款发生很大变化：

资金（单位：美元）	利率	10年（单位：美元）	25年（单位：美元）
1 000	1%	1104.62	1282.43
1 000	3%	1343.92	2093.78
1 000	5%	1628.89	3386.35
1 000	8%	2158.92	6848.48
1 000	10%	2593.74	10,834.71

年初时的存款与年末时的存款肯定相同。当利率为 10% 的时候，在第一个 10 年中，储户获利为 1 593.74 美元，但在接下来的 15 年中，他获得的利润可不止是 1.5 倍那么多，他的获利是 8 240.97 美元，大约是投入金额的 5 倍。这也是政治家和理财顾问会经常劝我们早些开始缴纳养老金的原因。

为年老做准备

如果你在 20 岁的时候存入 1000 美元作为养老储备金，之后再没有存过一分钱，那么在 45 年之后退休的时候，按照 3% 的利率计算，你会得到 3781.60 美元。但是，如果你每年都存入 1000 美元，那么仍然按 3% 的利率计算，在 45 年之后退休的时候，你就会得到 95,501.46 美元。如果你想办法把利息提高到 10%，那么退休的时候，你就会有 790,795.32 美元。这看上去相当不错，尤其你的总投资额不过是 45,000 美元。

日复一日

如果你手中有闲钱可以存起来，那说明你发展得相当不错。但是，如果你发展得并不好，那情况又会如何呢？你可能不得不去向小额贷款人或放高利贷的人借钱，最终你可能会因为高利息而不得不面对巨额的利息。这种复利对你是不利的。

例如，你向放高利贷的人借了 400 英镑，借贷利率是每天 0.78%，那么 30 天后，这笔债务就变成了 487.36 英镑：原来的 400 英镑再加上 87.36 英镑的利息。利息如此之高是因为利率，虽然表面上看 0.78% 很诱人，但是它是以每天为周期计算的，所以总金额每天都会增加。如果折算成年利率，那么一整年的利率将会达到 284%。

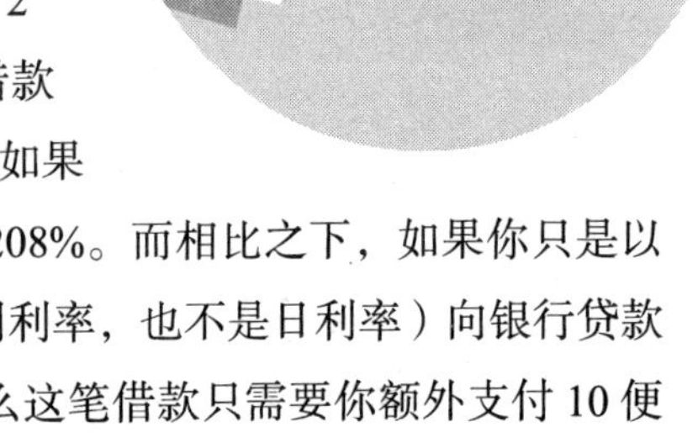

如果你只向朋友借了 50 英镑，答应一周后归还，同时你还说会请他去喝杯咖啡，那么这笔借款划算吗？虽然你不必向高利贷借款，但是如果一杯咖啡是 2 英镑，那么这就相当于你这笔借款实际上是附带了 4% 的周利率，如果再折算成年利率，那么将会是 208%。而相比之下，如果你只是以 10% 的利率（年利率，既不是周利率，也不是日利率）向银行贷款 50 英镑，期限为一个星期，那么这笔借款只需要你额外支付 10 便士的利息就可以了。

当心马粪

19 世纪 90 年代，英国西部的主要城市都深陷于不断增加的马粪和马尿所带来的困扰之中。当时，伦敦大约有 50,000 匹马从事着公共交通以及商业交通的运营。而在纽约，这样的马匹大概有 100,000 匹。马匹的数量还在年复一年地增加着。

> 再过 50 年，伦敦的每一条街道都将会被埋葬在 9 米深的马粪之下。
>
> 《泰晤士报》（1894 年）

一匹马一天大概会产生 7~15 公斤的马粪以及大约 1 升的马尿。在纽约，一位媒体评论人曾经说过，等到 1930 年的时候，曼哈顿的马粪将会累积到一栋三层小楼的窗户那么高。1898 年，在第一次世界国际城市规划大会上，这个严重的问题引起了大家的热烈讨论。代表们经过三天的无效讨论后不得不放弃了这个议题。整整十天的会议竟然没有找到任何解决方法。直到 1917 年，随着纽约最后一辆马车的正式退役，这一问题才得到了解决。看来，数量并不总是意味着优势。

第 26 章

你知道你喝了多少酒吗

最重要的数学工具之一竟然是一个想知道自己喝了多少酒的德国人发明的。

1613年，德国天文学家、数学家约翰尼斯·开普勒（Johannes Kepler）准备迎娶他的第二任妻子。他定了一桶葡萄酒来助兴。作为一位谨慎的数学家，他询问了葡萄酒酒商测量酒桶体积的方法，因为这关系到一桶酒的价格。

分割酒桶

酒商会将一根木棍它伸进酒桶一侧的小孔，然后测量木棍能够伸进酒桶内的长度。这种方法可以量出酒桶最宽处的直径，体积可以用酒桶的截面面积乘以桶高来获得。不过用这种计算方法算出的结果会比酒桶的实际体积大，因为酒桶的截面并不等大，两端要窄一些。由于不想为没有喝到的酒付钱，开普勒想要找到一种更好的测量酒桶体积的方法。

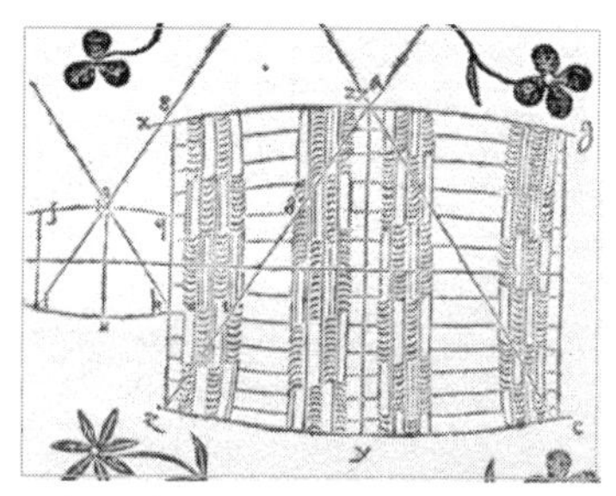

极小的薄片

开普勒想出的这种方法被称为极小量（infinitesimal）。他想象着把酒桶分割成非常薄的薄片，然后从上到下一个个堆叠起来，其中每一个切片都是一个圆柱体，只不过圆柱体的高非常小。这些圆柱形的切片有不同的截面积，酒桶中间部分的切片截面积最大，越往两边截面积越小。当然，每一个圆柱的柱面还是存在一点倾向的，两端圆形的端面也不一样，一个稍比另一个大一些。但随着把切片切得越来越薄，圆柱两端面的差异也会变得越来越小，最后甚至可以达到非常小，或者说小到完全可以忽略不计了。

数学小贴士

函数是一种对数字的操作，它接受数字形式的输入，然后按操作要求完成运算，最后输出相应的结果。函数通常用 $f(\ )$ 的形式表示，使用时，需要将操作指令填入括号。比如，函数 $f(x^2)$ 表示接受数字 x 作为输入，然后将其平方后输出，而函数 $f(2x)$ 则表示将 x 扩大一倍。

曲线的斜率

开普勒的方法很快就被不同的微积分方法取代了。微积分是由艾萨克·牛顿和德国哲学家戈特弗里德·莱布尼茨（Gottfried Leibniz）于 17 世纪的时候分别提出的。

牛顿和莱布尼兹（各自独立提出微积分）对饮酒并没有太大的兴趣，不过他们对直线或者曲线的斜率倒是颇感兴趣。他们从极小量开始：很明显，曲线上每一点处的斜率都是在不断变化的，而且可以计算出曲线上连接某两点的直线的斜率，以此来获得曲线某一局部的斜率变化。如下图所示，如果将曲线段截取得越短，那么连接曲线两端点的直线 ab 的斜率就会越接近曲线在 a 点的斜率。

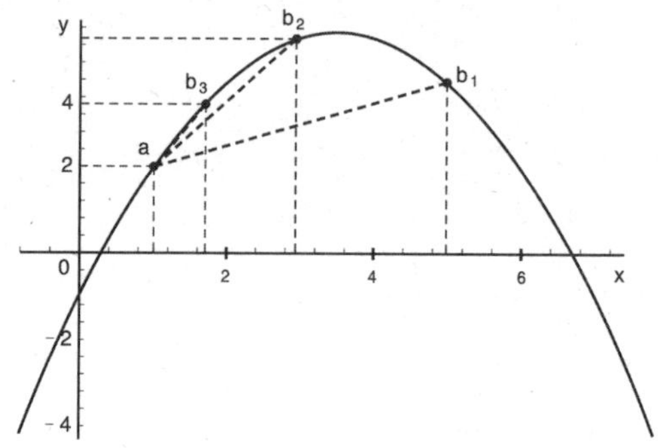

再举个简单的例子，函数 $f(2x)$ 的图像（如右上图所示）是一条直线。

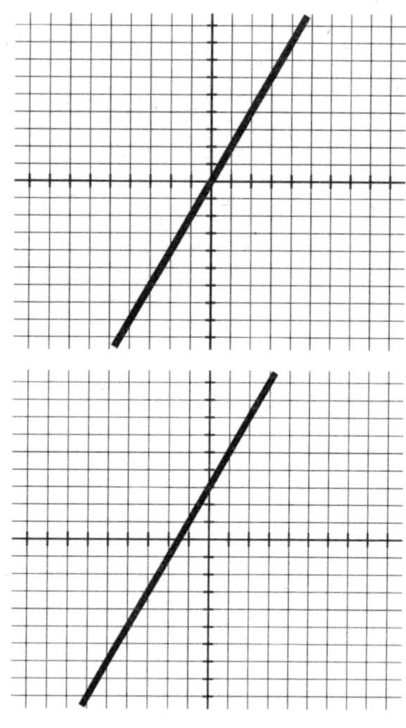

沿着直线，各点的斜率相同。实际上，这条直线的斜率为 2∶1，或者说是 2。这是因为，输入，即在 x 轴（水平方向）上每变化 1 个单位，则输出，在 y 轴（竖直方向）上就会产生两个单位的变化。也就是说，这幅图像表示了输入与输出的关系：$y=2x$。

我们为这个函数加上一个常量，这种改变并不会改变曲线的斜率。改变后的函数 $f(2x+3)$ 的图像（如下图所示）仍旧是一条直线，只是直线在坐标系的位置发生了移动，因为现在输入与输出的关系变成了 $y=2x+3$，所以直线沿 y 轴向上移动了 3 个单位。

显然，加入常量并不会影响斜率的计算。

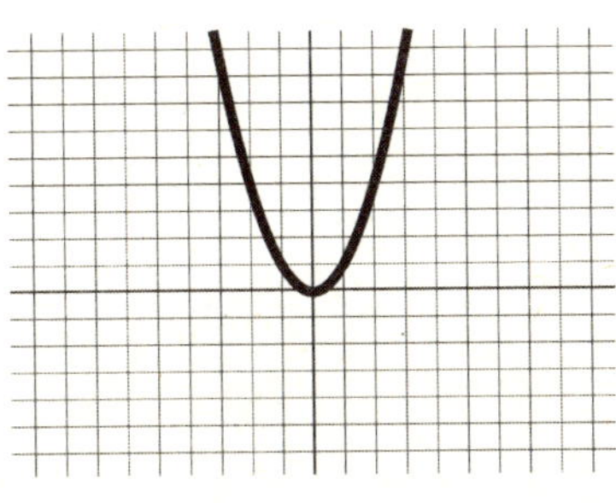

现在我们再来画一下函数 $f(x^2)$ 的图像，该图像（如右图所示）将会是一条抛物线。抛物线上各点的斜率都不同。不过凑巧的是，这条曲线各处的斜率恰好可以用函数 $2x$ 来表示，这是牛顿和莱布尼兹发现的。

计算斜率

牛顿和莱布尼兹发现了计算这一类函数图像曲线斜率的方法，具体的步骤如下：

（a）将函数式中的每一个 x 项都乘上它自身的指数；

（b）再将每一个 x 项上的指数减去 1。

掌握上述方法的最有效方式就是举个例子。比如以下这个函数：

$$x^3-x^2+4x-9$$

其中，x^3 项的指数为 3，x^2 项的指数是 2。

按照上面的步骤，x^3 要变成 $3x^2$（因为首先要乘上指数 3，然后再将指数减 1，即 3−1=2）

x^2 要变成 $2x$（因为首先要乘上指数 2，然后再将指数减 1，即 2−1=1）。

$4x$ 要变成 4（因为首先要乘上指数 1，然后再将指数变为 1−1=0，而 x^0 恰好等于 1）。

常数 1 将消失。常数项（只有数字，而没有包含 x）总是会被去掉，因为它没有 x 的指数项。

上述两个步骤也可以用通式来更简洁地表达，即将函数式中的 x^n 项变成 nx^{n-1}。

经过上面的转换，x^3-x^2+4x-9 最终变成了：

$$3x^2-2x+4$$

这是一个非常有用的结果。

如果现在我们想要得到一条曲线在 $x=3$ 处的斜率，就可以直接用 3 替换 x 并代入原函数的微分函数：

f（x^2）

f'（x2）是 2x

牛顿最初将这种方法叫作“流数术”（method of fluxions），而我们现在将它称为微分（differentiation）。微分的结果被称为微分函数或导数。如果把一个关于 x 的函数记为 $f(x)$，则它的微分函数就可以记为 $f'(x)$。

当 $x=3$ 时，斜率为 $2\times3=6$。

当然，对于一个单独的点来说，谈论它的斜率是没有意义的。曲线上某点的斜率实际上指的是过该点可以画出一条曲线的切线，我们把这条切线的斜率称为曲线在该点的斜率。

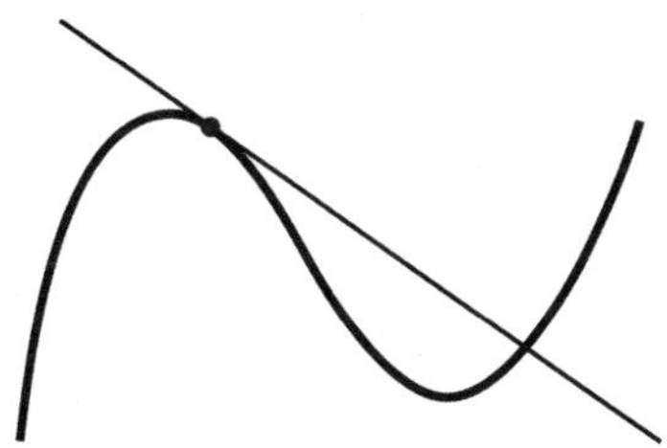

上述求斜率的方法对于形式复杂的函数来说也同样适用。回到前面的例子：

$f(x^3-x^2+4x-9)$

$f'(x^3-x^2+4x-9)$ **等于** $3x^2-2x+4$

在 $x=2$ 的点上，斜率为（3×2^2）−（2×2）$+4=12$。

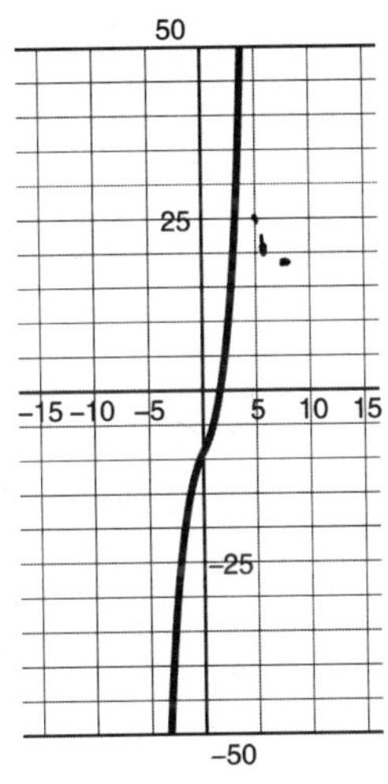

知道曲线的斜率可以为我们提供更多的信息。例如，如果我们获得了一条描述运动物体的运动距离相对于运动时间变化的曲线，那么斜率将会告诉我们这个物体在每一点上的运动速度。任何一个能够被表示成比率或是总量相除形式的函数都会与某个图像的斜率有关。例如，我们如果将价格相对于时间的变化画成曲线，那么这条曲线的斜率将会表示出价格涨或跌的速率（通胀的速率）。

> 微积分是上帝的语言。
>
> 理查德·费曼（Richard Feynman，1918—1988）
>
> 美国物理学家

曲线下包围的面积

微分提供了一种可以求出曲线斜率的方法，而积分（integration）提供了一种计算曲线下的区域面积的方法。这次，让我们想象一下把曲线下的区域分割成很多个细长的矩形，把这些矩形的面积相加就可以得到曲线下区域面积的一个近似值。

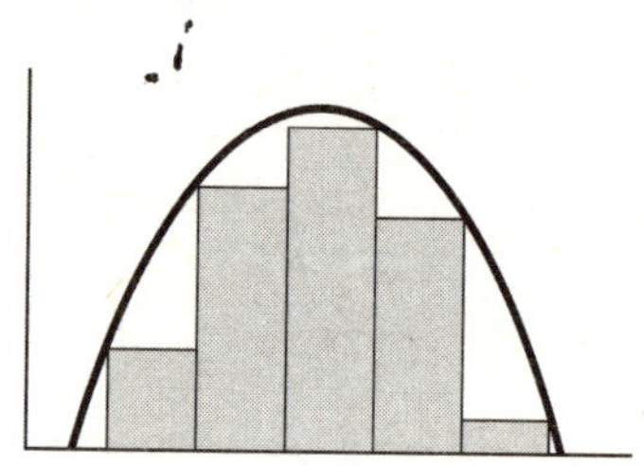

矩形越细，那么得到的曲线下区域的面积就会越接近真实值。

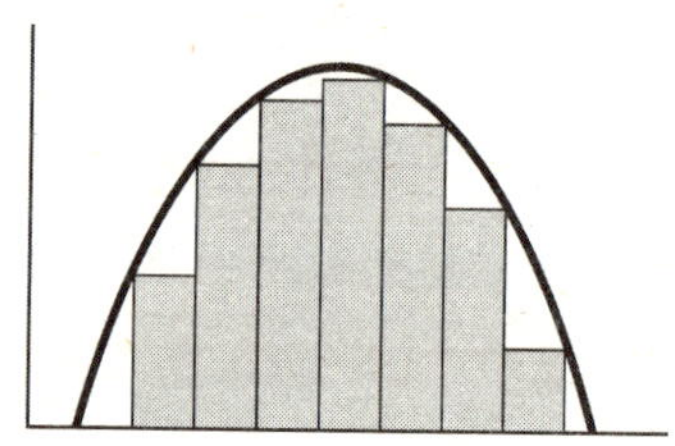

如果我们将矩形切片切割得无限细，那么我们就可以精确地计算出曲线下区域的面积。这就是积分的目标。

积分正好与微分相反。如果我们将微分的结果再积分一下就会发现，结果恰好就是原函数（只有一个很小的差别）。例如

$$x^3-x^2+4x-9$$

微分得

$$3x^2-2x+4$$

再对上式积分得

$$x^3-x^2+4x+c$$

其中，c 是个未知的常量。常数−9 不幸成为了计算过程的牺牲品。一旦它被微分掉了，那么我们就无法再获得它在原函数中的具体数值了。

积分是微分的逆操作，你可以把它想成是反微分。既然 x^n 的微分等于 nx^{n-1}，那么 nx^{n-1} 的积分就等于 x^n。

如果我们想要积分 x^n，那么我们只要对微分的过程进行运算就可以了：首先将 x 项的指数加 1，然后再除以指数就可以了，因此 x^n 的积分为 $x^{n+1}/(n+1)$（相当于逆着做微分的结果）。

这意味着 x 的积分就等于 $x^2/2$，而 x^2 的积分等于 $x^3/3$。积分符号是一个拉长的“s”，叫作西格玛：

$$\int$$

那么，问题“求 $3x^2-2x+4$ 的积分”就可以写作：

$$\int 3x^2 - 2x + 4\ dx$$

上式中，出现在积分式一端的“dx”表示我们正在对变量 x 进行积分。如果在函数中用自变量 t 来代替 x，那么出现在积分式末端的将会是“dt”：

$$\int 3x^2 - 2x + 4\ dx$$

对

$$\int 3t^2 - 2t + 4\ dt$$

进行积分，我们将会得到：

$$x^3 - x^2 + 4x + c$$

（别忘了最后的常量！）

很多函数曲线都可以无限延长下去，所以这些曲线下面区域的面积也会趋于无穷。我们无法计算这些曲线下区域的面积，不过我们可以挑出一段我们感兴趣的部分，计算这部分曲线下区域的面积。为此，我们可以指定两端的 x 值（或者其他我们正在使用的自变量）

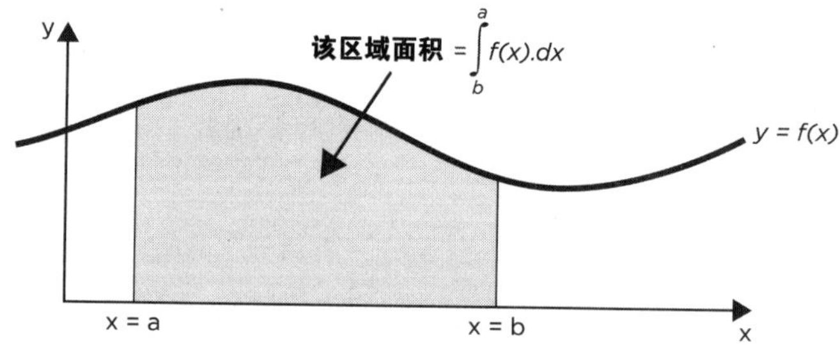

为了指明我们计算的是曲线上的哪一段，我们可以将计算的上界和下界（两个端点）分别标注在积分符号的上端和下端，即：

$$\int_{2}^{5} 2x\,dx$$

意思就是“求曲线上 $x=2$ 到 $x=5$ 那一部分下区域的面积”（即下图中阴影部分的面积）。

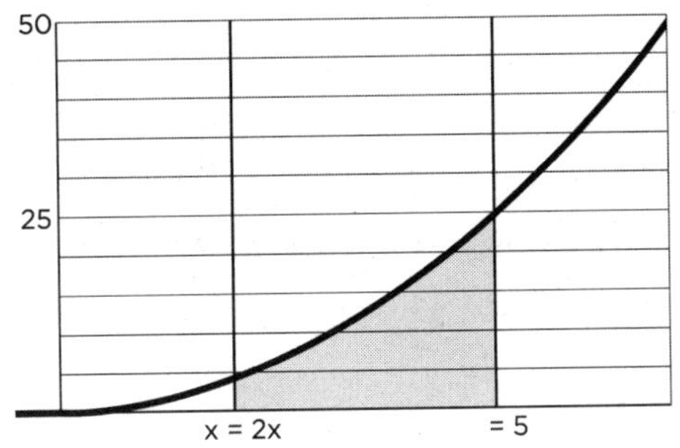

为了计算出结果，我们首先写出曲线函数的积分式（也被称为被积函数）：

$$\int 2x\,dx = x^2 + c$$

然后，将 $x=5$ 代入，之后再将 $x=2$ 代入，最后将两次求得的结果做差就可以得到我们想要的结果了（常数 c 会在计算过程中被消去）：

当 $x=5$，$x^2+c=25+c$

当 $x=2$，$x^2+c=4+c$

所以，曲线上阴影部分下面的面积即可求出

$(25+c)-(4+c)=19$

海阔天空

还记得阿基里斯与乌龟的悖论吗？这个悖论的难点就在于要把时间和距离分割成非常小（极小）的部分。这与微分和积分所做之事是完全一样的。在现实世界中，面积、直线、体积以及时间都是连续的，而不是一组离散的极小量。第一个解决这种分割方法与现实矛盾的方案出现在19世纪。1821年，法国数学家奥古斯丁·路易·柯西（Augustin Louis Cauchy）（从相反的角度）重新表述了微积分，使其完全成为了一种理论。他不再纠结于如何跨越极小量与连续量之间那看不见的沟壑，相反，他认为这并不是必要之举。数学可以基于自身建立起属于自己的规则，不需要去模仿或者与现实世界产生关联。

或许，更合理的说法应该是现实不必非要去模仿数学。毕竟我们知道现实原本就有连续性，如果数学无法建立起令人满意的模型来描述现实，那么这应该是数学的问题，而不是现实的问题。

最后，我想说的是，在经过了2300年之后，阿基里斯超过乌龟已不再是问题了。

北京阅想时代文化发展有限责任公司为中国人民大学出版社有限公司下属的商业新知事业部，致力于经管类优秀出版物（外版书为主）的策划及出版，主要涉及经济管理、金融、投资理财、心理学、成功励志、生活等出版领域，下设“阅想·商业”“阅想·财富”“阅想·新知”“阅想·心理”“阅想·生活”以及“阅想·人文”等多条产品线。致力于为国内商业人士提供涵盖先进、前沿的管理理念和思想的专业类图书和趋势类图书，同时也为满足商业人士的内心诉求，打造一系列提倡心理和生活健康的心理学图书和生活管理类图书。

《安妮聊心理学》

- 英国最受追捧的安万特科学图书奖提名人开聊心理学那些事。
- 有图、有料、有真相，另类的解读让你捧腹之余，对心理学的真谛了然于心。
- 作者从有趣的生活现象和人际关系方面的问题出发，为读者介绍了很多心理学的普遍概念和知识，有助于提升读者对生活困境的洞察力。

《安妮聊哲学》

- 英国最受追捧的安万特科学图书奖提名人与你聊聊哲学那些事。
- 有图、有料、有真相，另类的解读让你捧腹之余，感悟人生的真谛。
- 我们的每个决定和生活的方方面面都与哲学密不可分。让安妮鲁尼带你走进哲学的世界，了解重要的哲学思想，培养哲学思维，领悟看似高深莫测的人生问题背后的哲学真相。

The 15-Minute Mathematician by Anne Rooney

ISBN: 978-1-78404-742-9